微分と積分

Introduction to Differential and Integral Calculus

三宅敏恒 著

培風館

本書の無断複写は，著作権法上での例外を除き，禁じられています。
本書を複写される場合は，その都度当社の許諾を得てください。

序　文

　数学において，微分およびその逆の演算である積分は，理論上も，また応用の面から考えても，数学的な対象の中で重要な地位を占めている．ニュートン，ライプニッツに始まり，多くの大数学者によって長い年月にわたって築きあげられてきた「微分と積分」は，まさに数学における人類の英知の結晶と言えるであろう．

　本書は同一の著者による「入門微分積分」の内容を，新しいカリキュラムに適応するように書き直したものである．書き直しに際しては，つぎの点に配慮した．

1. 簡潔な表現を心がけて，より直感的なわかりやすい記述をめざした．
2. 本の構成に際しては，内容を1変数と多変数に分けるのではなく，「微分」と「偏微分」を順に記述したものを微分とし，積分については「積分」と「重積分」を順に並べたものを一まとめにして扱った．

講義に際しては，1年間の講義を

(1) 「関数の連続性」に「微分」と「偏微分」を加えた関数の微分
(2) 「積分」と「重積分」を併せた関数の積分

と2分割して教えていただければ，学生に一番わかりやすいのではなかろうか．また，「入門微分積分」にあった「級数」と「微分方程式」の記述は本書では省略した．

本書は教科書として使いやすいように，若干の工夫を行っている．小見出しや，色を付けたのも理解の手助けが目的である．定理の主張や証明はなるべく丁寧にし，定理によっては敢えて証明を省いてある．記述に際しては，例，例題，図などを，できるだけ多く挿入し，主張の理解の手助けとなるようにした．演習問題は少し数を減らしたが，本文がわかれば解けるようなものを厳選してある．読者は問題を自力で解いて，微分と積分に対する理解を深めて欲しい．

　畏友 前田芳孝氏には貴重な御意見を賜った。また培風館編集部長 松本和宣氏は，無理な注文も快く了解してくださりました．心からのお礼の言葉を差し上げます．

　2004年10月1日

著　者

目　次

1　関数の連続性 ……………………………………………… 1
　1.1　実　　数　　　　　　　　　　　1
　1.2　連　続　関　数　　　　　　　　8

2　微　分　法 ……………………………………………… 19
　2.1　関数の微分　　　　　　　　　　19
　2.2　平均値の定理　　　　　　　　　29
　2.3　高次の導関数　　　　　　　　　37
　2.4　テーラーの定理　　　　　　　　45

3　偏　微　分 ……………………………………………… 51
　3.1　多変数の関数　　　　　　　　　51
　3.2　全微分可能性と合成関数の微分　57
　3.3　高次の偏導関数とテーラーの定理　64

4　積　分　法 ……………………………………………… 71
　4.1　定積分と不定積分　　　　　　　71
　4.2　積分の計算　　　　　　　　　　81

4.3　広義積分　　　　　　　　　　　　87
　　　4.4　定積分の応用　　　　　　　　　　93

5　重積分　　　　　　　　　　　　　　　　97

　　　5.1　重積分　　　　　　　　　　　　　97
　　　5.2　重積分の変数変換　　　　　　　　108
　　　5.3　線積分とグリーンの定理　　　　　116
　　　5.4　重積分の応用（体積と曲面積）　　121
　　　5.5　ガンマ関数とベータ関数　　　　　126

付録　　　　　　　　　　　　　　　　　　133

　　　1　ギリシヤ文字　　　　　　　　　　　133
　　　2　三角関数の基本公式　　　　　　　　134

問題の略解　　　　　　　　　　　　　　　135

索引　　　　　　　　　　　　　　　　　　147

1 関数の連続性

微積分の基礎となる実数の性質と関数の連続性について述べる．実数の極限は再び実数であるという意味で，連続性は微積分に深くかかわる．

1.1 実　　数

実数　実数とはつぎのように目盛をきざんだ直線（これを**数直線**という）上の点をいう．

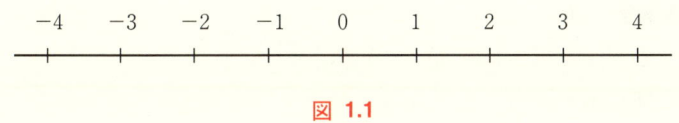

図 1.1

グラフの最大値および最小値を調べたいというのが，この1章と2章の目的である．しばらくはこれを念頭において考える．

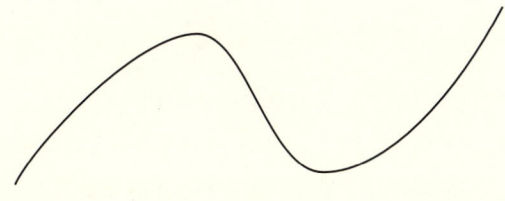

図 1.2

区間 つぎのような $\boldsymbol{R}$ の部分集合を区間という．
$(a, b) = \{x \mid a < x < b\}$, $\quad a$ は実数または $-\infty$, b は実数または ∞,
$[a, b) = \{x \mid a \leqq x < b\}$, $\quad a$ は実数, b は実数または ∞,
$(a, b] = \{x \mid a < x \leqq b\}$, $\quad a$ は実数または $-\infty$, b は実数,
$[a, b] = \{x \mid a \leqq x \leqq b\}$, $\quad a, b$ は実数.

特に $\boldsymbol{R} = (-\infty, \infty)$ である．(a, b) を**開区間**, $[a, b]$ を**閉区間**という．

例 1 $a = -2$, $b = 3$ とする．区間 $[-2, 3)$ を図示すると

図 1.3

である．ここで，"[" および "]" は端点を含み，"(" および ")" は端点を含まない記号である．

有界集合 $\boldsymbol{R}$ の部分集合 A に対して，A のどの元よりも大きい実数が存在するとき，A は**上に有界**であるという．

同様に**下に有界**であることは A を越えない数が存在するときにいう．上にも下にも有界なとき，単に**有界**であるという．

有界な区間 $\boldsymbol{R}$ の区間が，$\boldsymbol{R}$ の部分集合として有界であるとき有界な区間という．

例 2 $A = (-3, 2)$ とすると，$x \in A$ ならば，$x < 2$ が成り立つから A は上に有界な集合である．

数列 各自然数 n に数 a_n を対応させたものを $\{a_n\}_{n=1}^{\infty}$, あるいは単に $\{a_n\}$ と書き，数列という．特に a_n がすべて有理数ならば**有理数列**という．また数列 $\{a_n\}$ は a_n からなる集合が有界のとき**有界数列**という．

例 3 $a_n = 1 + (-1)^{n+1} \dfrac{1}{n}$ とおくと $0 \leqq a_n \leqq 2$ であるから，$\{a_n\}$ は有界数列である．

1.1 実数

数列の極限　数列 $\{a_n\}$ が極限 α (実数，または $\pm\infty$) をもつとは，自然数 n を大きくしていくと a_n が α に限りなく近づくときにいう．$\alpha = \pm\infty$ のときも同様である．

このとき
$$\lim_{n\to\infty} a_n = \alpha$$
と書き表す．

例 4　実際に $\displaystyle\lim_{n\to\infty} \frac{(-1)^{n+1}}{n} = 0$ を図示してみると，つぎのようになる．

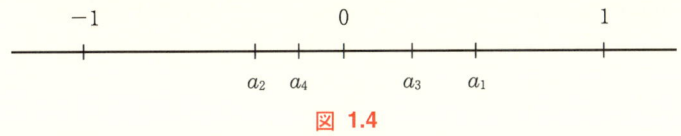

図 1.4

数列の収束　有限な極限 α をもつとき数列 $\{a_n\}$ は **収束する** という．数列 $\{a_n\}$ が収束しないとき，数列 $\{a_n\}$ は **発散する** という．数列が発散するとは，数列が極限をもたないか，あるいは極限が $\pm\infty$ であるときにいう．

例 5　$a_n = \dfrac{n^2 - n + 2}{n^2}$ とすると
$$\lim_{n\to\infty} \frac{n^2 - n + 2}{n^2} = \lim_{n\to\infty}\left(1 - \frac{1}{n} + \frac{2}{n^2}\right) = 1.$$

単調数列　数列 $\{a_n\}$ が **単調増加数列** であるとは，$\{a_n\}$ が
$$a_1 \leqq a_2 \leqq a_3 \leqq a_4 \leqq \cdots$$
をみたすときにいう．**単調減少数列** も同様に定義される．単調増加数列，単調減少数列をあわせて単調数列という．

例6 $a_n = \dfrac{1}{n}$ とおくと

$$a_n = \frac{1}{n} \geqq \frac{1}{n+1} = a_{n+1}$$

であるから，$\{a_n\}$ は単調減少数列である．

定理 1.1.1 ──────────────────── **数列の極限** ─

$\displaystyle\lim_{n\to\infty} a_n = \alpha,\ \lim_{n\to\infty} b_n = \beta$ $(\alpha, \beta \neq \pm\infty)$ とする．

(1) $\displaystyle\lim_{n\to\infty}(a_n \pm b_n) = \alpha \pm \beta$　　(2) $\displaystyle\lim_{n\to\infty} ca_n = c\alpha$ （c：実数）

(3) $\displaystyle\lim_{n\to\infty} a_n b_n = \alpha\beta$　　　　　(4) $\displaystyle\lim_{n\to\infty} \dfrac{a_n}{b_n} = \dfrac{\alpha}{\beta}$ （$\beta \neq 0$ のとき）

証明 (1) と (3) について示しておく．

(1) $|(a_n \pm b_n) - (\alpha \pm \beta)| = |(a_n - \alpha) \pm (b_n - \beta)|$
$\qquad\qquad\qquad \leqq |a_n - \alpha| + |b_n - \beta| \to 0 \qquad (n \to \infty)$．

(3) $\{b_n\}$ は β に収束するから，有界である．すなわち $|b_n| < B$ となる実数 B が存在する．よって

$$|a_n b_n - \alpha\beta| = |(a_n b_n - \alpha b_n + \alpha b_n - \alpha\beta)|$$
$$\leqq |(a_n - \alpha) b_n| + |\alpha(b_n - \beta)|$$
$$\leqq |a_n - \alpha| B + |\alpha| |b_n - \beta|$$
$$\to 0 \qquad (n \to \infty). \qquad\qquad \blacksquare$$

2項係数　整数 $n(>0)$，$k\,(0 \leqq k \leqq n)$ に対して，2項係数 $\dbinom{n}{k}$ を

$$\binom{n}{k} = \frac{n!}{k!(n-k)!}$$

と定義する．2項係数は ${}_n C_k$ とも書く．また $0! = 1$ と約束する．

1.1 実　　数

例 7 $\binom{5}{2} = \dfrac{5!}{2!\,3!} = 10.$

$\binom{7}{3} = \dfrac{7!}{3!\,4!} = 35.$

2項係数はつぎの式をみたす．

$$\binom{n}{k-1} + \binom{n}{k} = \dfrac{n!}{(k-1)!\,(n-k+1)!} + \dfrac{n!}{k!\,(n-k)!}$$

$$= \dfrac{n!}{k!\,(n-k+1)!}(k+n-k+1)$$

$$= \binom{n+1}{k} \qquad (1 \leq k \leq n).$$

2項係数は文字通りに2項展開の係数で，よって整数である．すなわち

$$(x+y)^n = \sum_{k=0}^{n} \binom{n}{k} x^k y^{n-k}$$

$$= x^n + \binom{n}{1} x^{n-1} y + \binom{n}{2} x^{n-2} y^2 + \cdots + \binom{n}{n-1} x y^{n-1} + y^n$$

で，右辺は整数係数であるから2項係数は整数である．

また，$k > 0$ のときには，$\binom{n}{k}$ は n 個のものから k 個取り出す組合せの個数である．一般に，${}_n C_k$ よりも $\binom{n}{k}$ を用いることが多い．

例 8 10個の数から3個の数を選ぶ選び方は

$$\binom{n}{k} = \binom{10}{3} = \dfrac{10!}{3!\,7!}$$

$$= 120$$

である．

つぎの定理は証明なしで述べる．

定理 1.1.2 ──────────────── ネピアの定数 e

$\lim_{n\to\infty}\left(1+\dfrac{1}{n}\right)^n$ は収束する．（この極限を e と書き，ネピアの定数という．）実際にネピアの定数を計算すると $e=2.71828182\cdots$ である．

最大値，最小値　$\mathbf{R}$ の部分集合 A の元 m が A の最大値であるとは，$a\leqq m$ が A の任意の元 a に対して成り立つときにいう．A の元が最小値であることも同様に定義される．

$\mathbf{R}$ の部分集合には，必ずしも最大値，最小値が存在するとは限らない．集合 A の最大値，最小値を各々つぎのように書く．
$$\max A, \quad \min A.$$

例 9　$A=(0,1]$ とする．A の最大値は 1 だが，最小値は存在しない．

例 10　$A=[2,3)$ とすると，$\min A=2$ で $\max A$ は存在しない．

上限，下限　A は上に有界な $\mathbf{R}$ の部分集合とする．A の元 a に対し $a\leqq m$ となる実数 m のうち最小のものを A の上限という．A の下限も同様に定義される．A の上限，下限を次のように書く．
$$\sup A, \quad \inf A.$$

例 11　$\sup(-2,3)=3$, $\inf(-2,3)=-2$．

有界な関数　$f(x)$ が集合 A で定義された関数とする．その値の集合
$$f(A)=\{f(x)\,|\,x\in A\}$$
が有界のとき $f(x)$ は有界な関数であるという．また $f(A)$ の最大値，最小値を $f(x)$ の最大値，最小値という．$f(x)$ の最大値はつぎのように表わす．
$$\max\{f\}, \quad \max_{x\in A}\{f(x)\}, \quad \max\{f(x)\,|\,x\in A\}.$$
また $f(x)$ の最小値はつぎのように表わす．
$$\min\{f\}, \quad \min_{x\in A}\{f(x)\}, \quad \min\{f(x)\,|\,x\in A\}.$$

例 12　$f(x)=x^2\,(x\in(-2,2))$ とする．このとき

(1) $\max_{x\in(-2,2)}\{f(x)\}$ は存在しない．　(2) $\min_{x\in(-2,2)}\{f(x)\}=0$．

1.1 実　数

問題 1.1

1. つぎの数列 $\{a_n\}$ の極限を求めよ．

(1) $a_n = \left(1 - \dfrac{1}{n}\right)^n$

(2) $a_n = \left(\dfrac{n+3}{n+1}\right)^n$

(3) $a_n = \left(\dfrac{1-n}{3-n}\right)^{-n}$

(4) $a_n = \sqrt{n+2} - \sqrt{n}$

2. つぎの 2 項係数の値を求めよ．

(1) $\dbinom{7}{3}$　　(2) $\dbinom{9}{5}$　　(3) $\dbinom{10}{4}$

3. つぎの集合の最大値，最小値を求めよ．

(1) $A = [-5, 3)$

(2) $A = \left\{1 + \dfrac{1}{n} \,\middle|\, n = 1, 2, 3, \cdots \right\}$

(3) $A = \left\{\dfrac{1}{n} - n \,\middle|\, n = 1, 2, 3, \cdots \right\}$

(4) $A = \{\sqrt{5n+3} - \sqrt{n} \mid n = 1, 2, 3, \cdots\}$

4. つぎの関数は有界な関数かどうか調べよ．

(1) $f(x) = \dfrac{1 + x^3}{1 + x^4}$

(2) $f(x) = \dfrac{1 - x^3}{1 + x^3}$

(3) $f(x) = \dfrac{1 + x^3 - x^5}{x^2 + x^4}$

1.2 連続関数

関数の極限　$f(x)$ が $\mathbf{R}$ 上の点 a の近くで定義された（$x=a$ では定義されても，されなくてもよい）関数とする．x を $x \neq a$ をみたしながら a に近づけるとき，$f(x)$ の値が l に限りなく近づくならば $f(x)$ の a における極限は l であるといい，つぎのように書く．

$$\lim_{x \to a} f(x) = l.$$

$\lim_{x \to \infty} f(x) = l$, $\lim_{x \to a} f(x) = \infty$ なども同様に定義される．

例1　$\displaystyle \lim_{x \to 0} \frac{\sqrt{5x+2} - \sqrt{x+2}}{x}$

$\displaystyle = \lim_{x \to 0} \frac{4x}{x(\sqrt{5x+2} + \sqrt{x+2})}$

$\displaystyle = \frac{4}{2\sqrt{2}} = \sqrt{2}.$

次の定理は，定理 1.1.1 と全く同様に示される．

定理 1.2.1 ─────────────────── 関数の極限 ─

$\displaystyle \lim_{x \to a} f(x) = l$, $\displaystyle \lim_{x \to a} g(x) = m$ $(l, m \neq \pm\infty)$ とする．

(1) $\displaystyle \lim_{x \to a}(f(x) \pm g(x)) = l \pm m$.　(2) $\displaystyle \lim_{x \to a} cf(x) = cl$ (c：定数).

(3) $\displaystyle \lim_{x \to a} f(x)g(x) = lm$.　(4) $\displaystyle \lim_{x \to a} \frac{f(x)}{g(x)} = \frac{l}{m}$ ($m \neq 0$ のとき).

関数の連続性　点 a を含む区間 I で定義された関数 $f(x)$ が点 a で連続とは

$$\lim_{x \to a} f(x) = f(a)$$

が成り立つときにいう．$f(x)$ が区間 I のすべての点で連続であるとき $f(x)$ は区間 I で連続であるという．

1.2 連続関数

例題 1.2.1

$\lim_{x \to 0} \dfrac{\sin x}{x} = 1$ を示せ．

解答　$0 < x < \dfrac{\pi}{2}$ とし，図のように点 O, A, B, C をとると

$$\triangle \mathrm{OAB} \subset \text{扇形 OAB} \subset \triangle \mathrm{OAC}$$

である．それぞれの面積を計算すると

$$\frac{1}{2}\sin x < \frac{1}{2}x < \frac{1}{2}\tan x$$

である．各辺を $\dfrac{1}{2}\sin x$ で割ると

$$1 < \frac{x}{\sin x} < \frac{1}{\cos x}$$

となる．この逆数をとると

$$1 > \frac{\sin x}{x} > \cos x$$

が分かる．$\dfrac{\sin x}{x}$ および $\cos x$ は共に偶関数であるから，この不等式は $-\dfrac{\pi}{2} < x < 0$ のときにも成り立つ．ここで $x \to 0$ とすると，$\cos x \to 1$ であるから，求める極限を得る． 　□

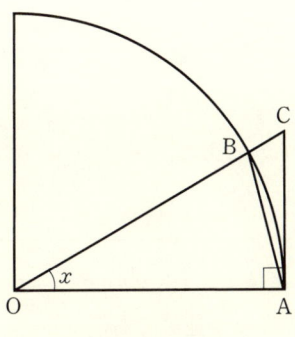

図 1.5

> **例題 1.2.2** ──────── 三角関数の連続性 ─
> $\sin x$ は区間 $(-\infty, \infty)$ で連続であることを示せ．

解答 $x, a \in (-\infty, \infty)$ とする．$|\cos x| \leqq 1$ であり，一般に $|\sin x| \leqq |x|$ である．したがって

$$|\sin x - \sin a| = 2\left|\sin\frac{x-a}{2}\cos\frac{x+a}{2}\right|$$
$$\leqq |x-a| \to 0 \quad (x \to a).$$

よって，$\lim_{x \to a} \sin x = \sin a$ となるから，$\sin x$ は a で連続である． ■

つぎの定理は定理 1.2.1 によりわかる．

> **定理 1.2.2** ──────── 連続関数の和，差，積，商の連続性 ─
> 関数 $f(x), g(x)$ が点 $x = a$ で連続なら，つぎの関数も $x = a$ で連続である（c：定数）．
> $$f(x) \pm g(x), \ cf(x), \ f(x)g(x), \ \frac{f(x)}{g(x)} \quad (g(a) \neq 0 \text{ のとき}).$$

合成関数 $z = g(y), y = f(x)$ のとき，x の関数 $z = g(f(x))$ を関数 f と g の合成関数という．

例 2 $z = g(y) = \tan y, y = f(x) = x^2 + 1$ ならば，$f(x)$ と $g(y)$ の合成関数は $z = \tan(x^2 + 1)$ である．

つぎの定理の証明は明らかである．

> **定理 1.2.3** ──────── 合成関数の連続性 ─
> $y = f(x)$ が $x = a$ で連続で，$z = g(y)$ が $y = f(a)$ で連続ならば，合成関数 $z = g(f(x))$ は $x = a$ で連続である．

1.2 連続関数

単調関数　区間 I で定義された関数 $f(x)$ が
$$x<y \implies f(x)<f(y)$$
をみたすとき $f(x)$ は I で単調増加であるという．

単調減少も同様に定義される．**単調増加関数**，**単調減少関数**を併せて単調な関数という．

例 3　$\cos x$ は区間 $[0,\pi]$ で単調減少である．実際 $0\leqq x<y\leqq\pi$ ならば
$$\cos y - \cos x = 2\sin\frac{x+y}{2}\sin\frac{x-y}{2} < 0.$$

逆関数　関数 $y=f(x)$ が区間 I で定義され，関数 $x=g(y)$ が区間 J で定義されるとする．このとき $f(I)=J$, $g(J)=I$ で
$$y=f(x) \iff x=g(y)$$
をみたすとき，g は f の逆関数であるといい
$$g(y)=f^{-1}(y)$$
と書く．このとき $f=g^{-1}$ も成り立つ．定義により
$$f^{-1}(f(x))=x, \quad f(f^{-1}(y))=y$$
が成り立っている．

例 4　$y=f(x)=x^2\ (x\in[0,\infty))$ とすると，$f(x)$ の像は $[0,\infty)$ で，逆関数は $x=f^{-1}(y)=\sqrt{y}\ (y\in[0,\infty))$ である．

定理 1.2.4　　　　　　　　　　　　　　　　　　　　　**逆関数の存在**

関数 $y=f(x)$ が閉区間 $[a,b]$ で連続な単調増加関数ならば，閉区間 $[f(a),f(b)]$ で定義される f の逆関数 $x=f^{-1}(y)$ が存在して連続である．

単調減少関数の場合も f^{-1} の定義される区間を $[f(b),f(a)]$ とすれば成り立つ．

逆三角関数　三角関数 $\sin x$, $\cos x$, $\tan x$ の逆関数を調べよう．$\sin x$ は $\left[-\dfrac{\pi}{2}, \dfrac{\pi}{2}\right]$ で単調増加である．また $\cos x$ は $[0, \pi]$ で単調減少であり，$\tan x$ は $\left(-\dfrac{\pi}{2}, \dfrac{\pi}{2}\right)$ で単調増加である．グラフはつぎのようになる．

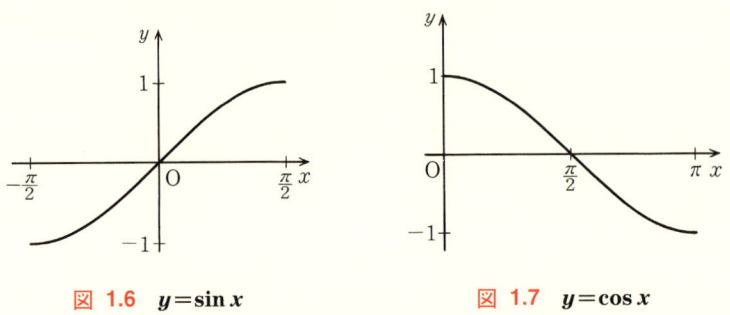

図 1.6　$y = \sin x$　　　　　図 1.7　$y = \cos x$

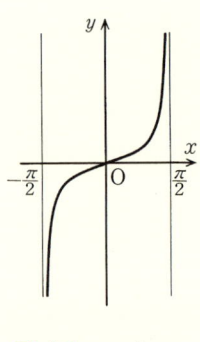

図 1.8　$y = \tan x$

よって $y = \sin x$, $y = \cos x$, $y = \tan x$ をこの範囲に制限すると逆関数をもつ．

1.2 連続関数

この逆関数をそれぞれ

$$x = \mathrm{Sin}^{-1} y, \quad x = \mathrm{Cos}^{-1} y, \quad x = \mathrm{Tan}^{-1} y$$

と書き表わして逆三角関数という．

Sin^{-1} は**アークサイン**，Cos^{-1} は**アークコサイン**，Tan^{-1} は**アークタンジェント**と読む．逆三角関数 $\mathrm{Sin}^{-1} x$ および $\mathrm{Cos}^{-1} x$ は $[-1, 1]$ で定義される．また $\mathrm{Tan}^{-1} x$ は $\boldsymbol{R} = (-\infty, \infty)$ で定義されている．

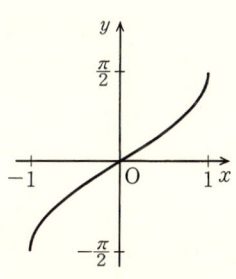

図 1.9　$y = \mathrm{Sin}^{-1} x$

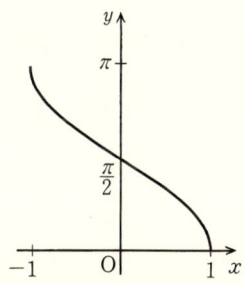

図 1.10　$y = \mathrm{Cos}^{-1} x$

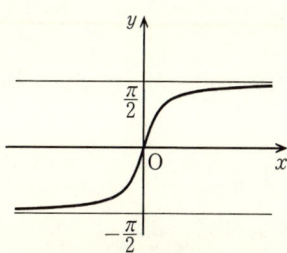

図 1.11　$y = \mathrm{Tan}^{-1} x$

例 5 $\mathrm{Sin}^{-1}\dfrac{1}{2}$ の値を求めよう．$-\dfrac{\pi}{2}\leqq x\leqq \dfrac{\pi}{2}$, $-1\leqq y\leqq 1$ のとき

$$y=\sin x \iff x=\mathrm{Sin}^{-1}y$$

であるから，$\sin x=\dfrac{1}{2}$ を $-\dfrac{\pi}{2}\leqq x\leqq \dfrac{\pi}{2}$ で解いて，

$$\mathrm{Sin}^{-1}\dfrac{1}{2}=\dfrac{\pi}{6}$$

である．

例 6 $\mathrm{Tan}^{-1}(-\sqrt{3})$ を求めよう．このとき $\tan x=-\sqrt{3}$ をみたす x の値は $x=-\dfrac{\pi}{3}$ であるから $\left(-\dfrac{\pi}{2}<x<\dfrac{\pi}{2}\right)$

$$\mathrm{Tan}^{-1}(-\sqrt{3})=-\dfrac{\pi}{3}$$

がわかる．

例題 1.2.3 ─────────────── 逆三角関数を含む方程式 ─

つぎの方程式をみたす x を求めよ．

$$\mathrm{Sin}^{-1}x=\mathrm{Cos}^{-1}\dfrac{3}{5}.$$

解答 $\theta=\mathrm{Sin}^{-1}x=\mathrm{Cos}^{-1}\dfrac{3}{5}$ とおく．θ は関数 Sin^{-1} の値で，また Cos^{-1} の値ともなるから $0\leqq \theta\leqq \dfrac{\pi}{2}$ である．よって $x=\sin\theta\geqq 0$ がわかる．

このとき $\cos\theta=\dfrac{3}{5}$ であるから

$$x=\sin\theta=\sqrt{1-\cos^2\theta}=\sqrt{1-\dfrac{9}{25}}=\dfrac{4}{5}$$

がわかる． ∎

指数関数 $a>0$ のとき指数関数 a^x は，$(-\infty, \infty)$ において連続な関数である．指数関数 a^x は $a>1$ なら単調増加であり，$0<a<1$ なら単調減少である．

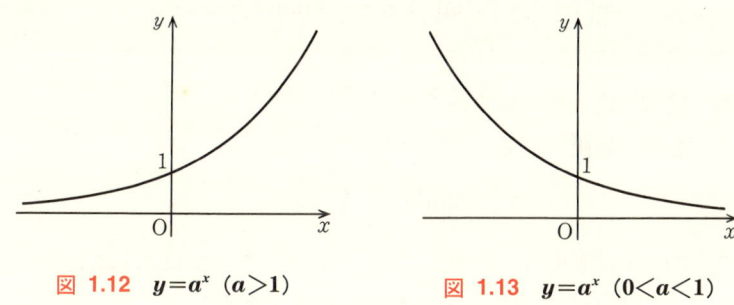

図 1.12　$y=a^x$ $(a>1)$　　　　図 1.13　$y=a^x$ $(0<a<1)$

対数関数　指数関数 $y=a^x$ は $a>0$，$a \neq 1$ ならば逆関数をもつ．この逆関数を $x=\log_a y$ と書き，a を底（てい）とする対数関数という．

定理 1.2.4 により対数関数は $(0, \infty)$ で定義される連続関数である．$y=\log_a x$ は $a>1$ なら単調増加，$0<a<1$ なら単調減少である．

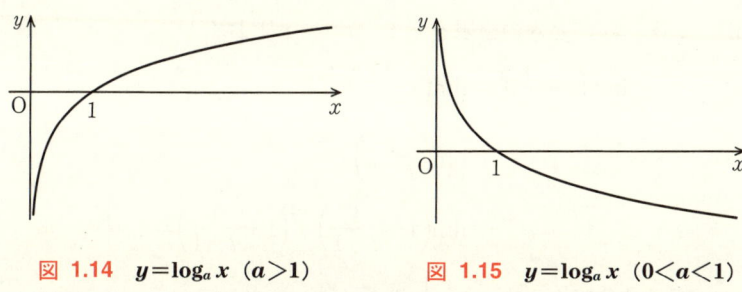

図 1.14　$y=\log_a x$ $(a>1)$　　　　図 1.15　$y=\log_a x$ $(0<a<1)$

ここで，後に必要な極限値を計算しておく．

> **定理 1.2.5** ────────────────── 関数の極限としての e ──
> $$\lim_{x\to\infty}\left(1+\frac{1}{x}\right)^x = \lim_{x\to-\infty}\left(1+\frac{1}{x}\right)^x = \lim_{x\to 0}(1+x)^{\frac{1}{x}} = e.$$

証明 段階を追って示していこう．

（ⅰ） 数列の極限として
$$\lim_{n\to\infty}\left(1+\frac{1}{n}\right)^n = e$$
が成り立つことは証明なしであったが，既に述べた（定理 1.1.2）．

（ⅱ） $x>1$ に対して整数 n を $n\leqq x<n+1$ ととると
$$\left(1+\frac{1}{n+1}\right)^n \leqq \left(1+\frac{1}{x}\right)^x \leqq \left(1+\frac{1}{n}\right)^{n+1}$$
が成り立つ．$x\to\infty$ のとき，$n\to\infty$ である．（ⅰ）によりこの不等式の両端の項は e に収束するから，真ん中の項も e に収束する．すなわち
$$\lim_{x\to\infty}\left(1+\frac{1}{x}\right)^x = e$$
である．

（ⅲ） $x\to-\infty$ のときの極限を示す．$t=-x$ とおくと
$$\lim_{x\to-\infty}\left(1+\frac{1}{x}\right)^x = \lim_{t\to\infty}\left(1-\frac{1}{t}\right)^{-t}$$
$$= \lim_{t\to\infty}\left(\frac{t}{t-1}\right)^t$$
$$= \lim_{t\to\infty}\left(1+\frac{1}{t-1}\right)^{t-1}\left(1+\frac{1}{t-1}\right) = e.$$

（ⅳ） 最後の極限を示す．$t=\dfrac{1}{x}$ とおくと
$$\lim_{x\to 0}(1+x)^{\frac{1}{x}} = \lim_{t\to\pm\infty}\left(1+\frac{1}{t}\right)^t = e. \qquad \boxed{終}$$

1.2 連続関数

特に，e を底とする対数 $\log_e x$ を自然対数といい，単に $\log x$ と書き表す．物理では $\log x$ は 10 を底とする対数 $\log_{10} x$ を表わし，$\log_e x$ は $\ln x$ と書くことが多い．

対数関数の底の変換　　正数 $a (\neq 1)$ と $b (\neq 1)$ をとる．対数関数 $\log_a$ と $\log_b$ の関係を調べよう．ここで $c > 0$，$c \neq 1$ のとき

$$\log_c b = \log_c a^{\log_a b} = \log_a b \, \log_c a$$

であるから，この両辺を $\log_c a$ で割り

$$\log_a b = \frac{\log_c b}{\log_c a}$$

が成り立つ．

例7　$a = 2$，$b = 7$，$c = 3$ とすると，つぎの式が示される．

$$\log_2 7 = \log_a b = \frac{\log_c b}{\log_c a} = \frac{\log_3 7}{\log_3 2}$$

例題 1.2.4

$\displaystyle\lim_{x \to 0} \frac{\log(1+x)}{x} = 1$.

解答　x を 0 に近づけたときの極限を求めよう．まず

$$\lim_{x \to 0} \frac{\log(1+x)}{x} = \lim_{x \to 0} \log(1+x)^{\frac{1}{x}}$$

$\displaystyle\lim_{x \to 0}(1+x)^{\frac{1}{x}} = e$ であるから，求める値は 1 である．　　　　□

例題 1.2.5

$\displaystyle\lim_{x \to 0} \frac{e^x - 1}{x} = 1$.

解答　$t = e^x - 1$ とおくと，$x \to 0$ ならば $t \to 0$ であるから

$$\lim_{x \to 0} \frac{e^x - 1}{x} = \lim_{t \to 0} \frac{t}{\log(1+t)} = 1.$$ □

問題 1.2

1. つぎの関数の極限値を求めよ．

(1) $\displaystyle\lim_{x\to 0}\frac{\sqrt{2+x^2}-\sqrt{2-x^2}}{x^2}$

(2) $\displaystyle\lim_{x\to\infty}\sqrt{x}\,(\sqrt{2x}-\sqrt{2x+1})$

(3) $\displaystyle\lim_{x\to 0}x\sin\frac{1}{x}$

(4) $\displaystyle\lim_{x\to 0}\frac{\sin 2x}{\sin 3x}$

(5) $\displaystyle\lim_{x\to 0}\frac{e^x+e^{-x}-2}{x}$

(6) $\displaystyle\lim_{x\to 1}x^{\frac{1}{1-x}}$

2. つぎの関数は，$x=0$ で連続かどうか調べよ．

(1) $f(x)=\begin{cases}\dfrac{\sin 2x}{x} & (x\neq 0)\\ 1 & (x=0)\end{cases}$

(2) $f(x)=\begin{cases}2x\sin\dfrac{1}{x} & (x\neq 0)\\ 1 & (x=0)\end{cases}$

3. つぎの値を求めよ．

(1) $\mathrm{Sin}^{-1}\dfrac{\sqrt{3}}{2}$

(2) $\mathrm{Cos}^{-1}\left(-\dfrac{1}{2}\right)$

(3) $\mathrm{Cos}^{-1}\dfrac{\sqrt{3}}{2}$

4. つぎの方程式を解け．

(1) $\mathrm{Sin}^{-1}x=\mathrm{Tan}^{-1}\sqrt{5}$

(2) $\mathrm{Sin}^{-1}x=\mathrm{Sin}^{-1}\dfrac{1}{3}+\mathrm{Sin}^{-1}\dfrac{7}{9}$

2 微分法

関数を微分することは，ニュートンとライプニッツに始まる．これによって関数の増減を調べたり，曲線の性質を調べたりすることが可能になった．

2.1 関数の微分

微分係数　関数 $f(x)$ が点 $x=a$ を含む開区間で定義されているとする．$f(x)$ が $x=a$ で微分可能であるとは，有限な値

$$\lim_{x \to a} \frac{f(x)-f(a)}{x-a}$$

が存在するときにいう．このとき，この値を

$$f'(a) = \lim_{x \to a} \frac{f(x)-f(a)}{x-a} = \lim_{h \to 0} \frac{f(a+h)-f(a)}{h}$$

と書く．

導関数　ある区間で定義された関数 $y=f(x)$ が，すべての点で微分可能なとき，$f(x)$ はその区間で微分可能であるという．

各点 x に f の微分係数 $f'(x)$ を対応させて得られる関数 $f'(x)$ を f の導関数という．また $f'(x)$ はつぎのようにも書く．

$$y', \quad f', \quad \frac{dy}{dx}, \quad \frac{df}{dx}.$$

例1 x^n $(n=0, 1, 2, \cdots)$ は $(-\infty, \infty)$ で微分可能で $\dfrac{dx^n}{dx}=nx^{n-1}$ である．実際 $n=0$ のときは $x^0=1$ であるから明らかである．$n\geqq 1$ ならば

$$\begin{aligned}\dfrac{dx^n}{dx}&=\lim_{h\to 0}\dfrac{(x+h)^n-x^n}{h}\\&=\lim_{h\to 0}\dfrac{\left\{x^n+\binom{n}{1}x^{n-1}h+\cdots+\binom{n}{n-1}xh^{n-1}+h^n\right\}-x^n}{h}\\&=\lim_{h\to 0}\left\{nx^{n-1}+\dfrac{n(n-1)}{2}x^{n-2}h+\cdots+h^{n-1}\right\}\\&=nx^{n-1}.\end{aligned}$$

例2 $\sin x$ は $(-\infty, \infty)$ で微分可能で $\dfrac{d\sin x}{dx}=\cos x$ である．実際

$$\begin{aligned}\dfrac{d\sin x}{dx}&=\lim_{h\to 0}\dfrac{\sin(x+h)-\sin x}{h}\\&=\lim_{x\to 0}\dfrac{2}{h}\sin\dfrac{h}{2}\cos\left(x+\dfrac{h}{2}\right)\\&=\cos x.\end{aligned}$$

まったく同様に

$$\dfrac{d\cos x}{dx}=-\sin x$$

も示される．

例3 e^x は $(-\infty, \infty)$ で微分可能で $\dfrac{de^x}{dx}=e^x$ である．実際

$$\begin{aligned}\dfrac{de^x}{dx}&=\lim_{h\to 0}\dfrac{e^{x+h}-e^x}{h}\\&=\lim_{h\to 0}e^x\dfrac{e^h-1}{h}\\&=e^x.\end{aligned}$$

2.1 関数の微分

定理 2.1.1 ───────────────── 微分可能性と連続性 ─

関数 $f(x)$ が点 $x=a$ で微分可能ならば，$x=a$ で連続である．

証明 $f(x)$ が $x=a$ で微分可能とする．このとき
$$\varepsilon(x) = \frac{f(x)-f(a)}{x-a} - f'(a) \qquad (x \neq a)$$
とおく．$f(x)$ が a で微分可能であることは $\lim_{x \to a} \varepsilon(x) = 0$ ということである．
$$f(x) - f(a) = \varepsilon(x)(x-a) + f'(a)(x-a)$$
であるから
$$\lim_{x \to a}(f(x)-f(a)) = \lim_{x \to a}\{\varepsilon(x)(x-a) + f'(a)(x-a)\}$$
$$= 0.$$
よって，$\lim_{x \to a} f(x) = f(a)$ となり，$f(x)$ は a で連続である． □

接線 つぎのように，曲線 $C : y = f(x)$ の点 $P(a, f(a))$ を通る直線 l を考える．

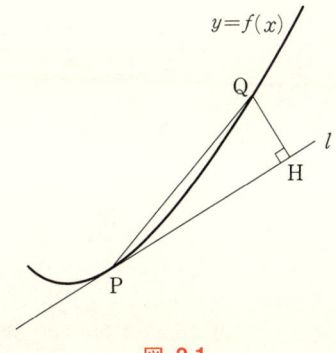

図 2.1

曲線上に P と異なる点 $Q(x, f(x))$ をとり，Q から l に下した垂線の足を H とする．直線 l が点 P における $y=f(x)$ の接線であるとは，$\lim_{x \to a} \frac{\overline{QH}}{\overline{PQ}} = 0$ のときにいう．ここで $\overline{PQ}$, $\overline{QH}$ は，それぞれ線分 PQ, QH の長さである．

> **定理 2.1.2** ───────────────── 接線と微分係数 ─
>
> $f(x)$ が $x=a$ で微分可能ならば，曲線 $C: y=f(x)$ の点 $\mathrm{P}(a, f(a))$ における接線が，ただ 1 つ存在し，つぎのように書ける．
> $$y - f(a) = f'(a)(x-a).$$

証明 m を定数とし，C 上の点 P を通る直線

$$l : y - f(a) = m(x-a)$$

を考える．H を曲線上の点 $\mathrm{Q}(x, f(x))$ から l に下した垂線の足とすると

$$\overline{\mathrm{QH}} = \frac{|f(x) - f(a) - m(x-a)|}{\sqrt{m^2+1}},$$

$$\overline{\mathrm{PQ}} = \sqrt{(x-a)^2 + (f(x)-f(a))^2}$$

であるから

$$\frac{\overline{\mathrm{QH}}}{\overline{\mathrm{PQ}}} = \frac{\left|\dfrac{f(x)-f(a)}{x-a} - m\right|}{\sqrt{m^2+1}\sqrt{1+\left(\dfrac{f(x)-f(a)}{x-a}\right)^2}}$$

となる．両辺の極限を取ると

$$\lim_{x \to a} \frac{\overline{\mathrm{QH}}}{\overline{\mathrm{PQ}}} = \frac{|f'(a) - m|}{\sqrt{m^2+1}\sqrt{1+(f'(a))^2}}.$$

これが 0 となるのは $f'(a) = m$ のときである． ■

例 4 $y = 2x^3$ の接線を考える．そのために，その上の点 $\mathrm{P}(1, 2)$ を考えよう．$(2x^3)' = 6x^2$ であるから，曲線の接線は $y - 2 = 6(x-1)$，すなわち

$$y = 6x - 4$$

であることがわかる．

2.1 関数の微分

定理 2.1.3 ────────── 微分可能な関数の和，差，積，商 ──

関数 f, g が微分可能ならば cf, $f\pm g$, fg, $\dfrac{f}{g}$ も微分可能で，つぎの関係式をみたす．(c は定数，また $\dfrac{f}{g}$ に関しては $g(x)=0$ となる点 x を除く．)

(1) $(cf)'=cf'$ 　　　　(2) $(f\pm g)'=f'\pm g'$

(3) $(fg)'=f'g+fg'$ 　　(4) $\left(\dfrac{f}{g}\right)'=\dfrac{f'g-fg'}{g^2}$

特に (4) で $f(x)=1$ をとると

(5) $\left(\dfrac{1}{g}\right)'=-\dfrac{g'}{g^2}$

証明 (3) についてのみ示す．微分可能性，導関数を調べるには，各点における微分可能性と微分係数を調べればよい．

$$\lim_{x\to a}\frac{f(x)g(x)-f(a)g(a)}{x-a}$$
$$=\lim_{x\to a}\left(\frac{f(x)g(x)-f(x)g(a)}{x-a}+\frac{f(x)g(a)-f(a)g(a)}{x-a}\right)$$
$$=\lim_{x\to a}\left(f(x)\frac{g(x)-g(a)}{x-a}+\frac{f(x)-f(a)}{x-a}g(a)\right)$$

となる．よって，$f(x)g(x)$ は $x=a$ で微分可能であり，(3) が成り立つ． 　□

例 5 $(x^3\sin x)'=(x^3)'\sin x+x^3(\sin x)'=3x^2\sin x+x^3\cos x$.

例 6 $\tan x$ は $x\neq\dfrac{\pi}{2}+n\pi$ で微分可能で $\dfrac{d\tan x}{dx}=\dfrac{1}{\cos^2 x}$ である．実際

$$\frac{d\tan x}{dx}=\frac{d}{dx}\frac{\sin x}{\cos x}$$
$$=\frac{(\sin x)'\cos x-\sin x(\cos x)'}{\cos^2 x}$$
$$=\frac{\cos^2 x+\sin^2 x}{\cos^2 x}=\frac{1}{\cos^2 x}$$

となる．

―― 定理 2.1.4 ―――――――――――――― 合成関数の微分 ――

関数 $y=f(x)$ が x で微分可能, $z=g(y)$ が $y=f(x)$ で微分可能とする. このとき

$$\frac{dz}{dx}=\frac{dz}{dy}\frac{dy}{dx}.$$

証明 $x\to a$ のとき $f(x)\to f(a)$ であるから, 直感的には

$$\frac{g(f(x))-g(f(a))}{x-a}=\frac{g(f(x))-g(f(a))}{f(x)-f(a)}\frac{f(x)-f(a)}{x-a}$$
$$\to g'(f(a))f'(a) \qquad (x\to a)$$

ということである. このとき, $f(x)-f(a)=0$ のこともあるから, そのままでは成り立たないが, 感覚的にはこれでいいであろう. ■

例 7 $(\cos x^2)'=-2x\sin x^2$. 実際 $z=\cos x^2$ とおくと $z=\cos y$, $y=x^2$ と表わされるから

$$\frac{dz}{dx}=\frac{dz}{dy}\frac{dy}{dx}$$
$$=(-\sin y)(2x)$$
$$=-2x\sin x^2.$$

例 8 $(e^{\sin x})'=e^{\sin x}\cos x$. 実際 $e^{\sin x}=e^y$, $y=\sin x$ と考えると

$$\frac{de^{\sin x}}{dx}=\frac{de^y}{dy}\frac{dy}{dx}=e^{\sin x}\cos x.$$

―― 定理 2.1.5 ―――――――――――――― 逆関数の微分 ――

関数 $y=f(x)$ が微分可能で単調な関数とする. $f'(x)\neq 0$ ならば逆関数は微分可能で

$$\frac{dx}{dy}=\left(\frac{dy}{dx}\right)^{-1}.$$

2.1 関数の微分

証明 $b=f(a)$ とおく．また $y=f(x)$ とおくと $x=f^{-1}(y)$ であり

$$\frac{f^{-1}(y)-f^{-1}(b)}{y-b}=\left(\frac{y-b}{f^{-1}(y)-f^{-1}(b)}\right)^{-1}$$

$$=\left(\frac{f(x)-f(a)}{x-a}\right)^{-1}$$

である．仮定により $f'(a)\neq 0$ であり，$x\to a$ と $y\to b$ は同値であるから $y\to b$ として定理を得る． □

例 9 $\dfrac{d}{dx}\operatorname{Sin}^{-1}x=\dfrac{1}{\sqrt{1-x^2}}$ $(-1<x<1)$．

実際 $y=\sin x$ の逆関数が $x=\operatorname{Sin}^{-1}y$ であり，$-\dfrac{\pi}{2}<x<\dfrac{\pi}{2}$ において $\dfrac{dy}{dx}=\cos x>0$ である．よって

$$\frac{d}{dy}\operatorname{Sin}^{-1}y=\frac{dx}{dy}=\left(\frac{dy}{dx}\right)^{-1}$$

$$=\frac{1}{\cos x}=\frac{1}{\sqrt{1-\sin^2 x}}$$

$$=\frac{1}{\sqrt{1-y^2}} \quad (-1<y<1).$$

まったく同様に $\dfrac{d}{dx}\operatorname{Cos}^{-1}x=-\dfrac{1}{\sqrt{1-x^2}}$ $(-1<x<1)$ も示される．

例 10 $\dfrac{d}{dx}\operatorname{Tan}^{-1}x=\dfrac{1}{1+x^2}$ $(-\infty<x<\infty)$．

実際 $y=\tan x$ の逆関数が $x=\operatorname{Tan}^{-1}y$ であり，$\dfrac{dy}{dx}=\dfrac{1}{\cos^2 x}>0$ で

$$\frac{d}{dy}\operatorname{Tan}^{-1}y=\frac{dx}{dy}=\left(\frac{dy}{dx}\right)^{-1}$$

$$=\left(\frac{1}{\cos^2 x}\right)^{-1}=(1+\tan^2 x)^{-1}$$

$$=\frac{1}{1+y^2}$$

である．

例 11　$\dfrac{d}{dx}\log|x|=\dfrac{1}{x}$　　$(x\neq 0)$.

実際 $y=e^x$ の逆関数は $x=\log y$ $(y>0)$ であり，$\dfrac{dy}{dx}=e^x>0$ であるから

$$\dfrac{d\log y}{dy}=\dfrac{dx}{dy}=\left(\dfrac{dy}{dx}\right)^{-1}$$
$$=\dfrac{1}{e^x}=\dfrac{1}{y}.$$

よって $x>0$ のとき $\dfrac{d\log x}{dx}=\dfrac{1}{x}$ が成り立つ.

$x<0$ のときには $u=-x$ とおくと $\log|x|=\log u$, $\dfrac{du}{dx}=-1$ であるから

$$\dfrac{d\log|x|}{dx}=\dfrac{d\log(-x)}{dx}=\dfrac{d\log u}{du}\dfrac{du}{dx}$$
$$=\dfrac{1}{u}(-1)=\dfrac{1}{-u}=\dfrac{1}{x}.$$

例 12　$\dfrac{d}{dx}x^a=ax^{a-1}$　　$(x>0,\ a：実数)$.

$y=x^a$ とする．$x>0$ のとき，$x=e^{\log x}$ であるから $y=e^{a\log x}$ である．よって $y=e^{au}$, $u=\log x$ と考えて

$$\dfrac{dy}{dx}=\dfrac{dy}{du}\dfrac{du}{dx}=ae^{au}\dfrac{1}{x}$$
$$=\dfrac{ax^a}{x}=ax^{a-1}.$$

例 13　$\dfrac{d}{dx}x^x=x^x(\log x+1)$　　$(x>0)$.

つぎのように**対数微分法**と呼ばれる方法で示す．$y=x^x$ とおき，両辺の対数を取ると $\log y=x\log x$ である．この両辺を x で微分すると

$$\dfrac{1}{y}\dfrac{dy}{dx}=\log x+1.$$

よって

$$\dfrac{dy}{dx}=y(\log x+1)$$
$$=x^x(\log x+1).$$

2.1 関数の微分

　以上の例で求めた基本的な関数の導関数をまとめておく．ただし成り立つ範囲については，それぞれの例を参照のこと．

基本的な関数の導関数

$\dfrac{d}{dx} x^a = a x^{a-1}$ 　　（a：実数）

$\dfrac{d}{dx} e^x = e^x$

$\dfrac{d}{dx} \log|x| = \dfrac{1}{x}$

$\dfrac{d}{dx} \sin x = \cos x$

$\dfrac{d}{dx} \cos x = -\sin x$

$\dfrac{d}{dx} \tan x = \dfrac{1}{\cos^2 x}$

$\dfrac{d}{dx} \mathrm{Sin}^{-1} x = \dfrac{1}{\sqrt{1-x^2}}$

$\dfrac{d}{dx} \mathrm{Cos}^{-1} x = -\dfrac{1}{\sqrt{1-x^2}}$

$\dfrac{d}{dx} \mathrm{Tan}^{-1} x = \dfrac{1}{1+x^2}$

問題 2.1

1. つぎの関数の導関数を求めよ．

   (1) $(x^2+1)^5(x^3-2)^3$

   (2) $\log(\log x)$

   (3) 2^x

   (4) $x^3(x^2+1)^{3/2}$

   (5) e^{x^x}

   (6) $(\sin x)^{\cos x}$

   (7) $\mathrm{Tan}^{-1}\left(\dfrac{1-x^2}{1+x^2}\right)$

   (8) $\sqrt{1+2\log x}$

   (9) $\mathrm{Sin}^{-1}\dfrac{x}{\sqrt{1+x^2}}$

   (10) $2\,\mathrm{Cos}^{-1}\sqrt{\dfrac{x+1}{2}}$

   (11) $\sqrt{\dfrac{(x-1)(x-2)}{(x-3)(x-4)}}$

   (12) $x\sqrt{a^2-x^2}+a^2\mathrm{Sin}^{-1}\dfrac{x}{a}\quad (a>0)$

2. つぎの曲線の，与えられた点における接線を求めよ．

   (1) $y=x\log x \qquad (x=1)$

   (2) $y=\mathrm{Tan}^{-1}\dfrac{x^2}{2} \qquad (x=\sqrt{2})$

2.2 平均値の定理

極大値，極小値 関数 $f(x)$ が $x=c$ で極大値をもつとは，c を含む開区間 J で
$$f(x) < f(c) \qquad (x \neq c)$$
となるものが存在するときにいう．$f(c)$ を $x=c$ における $f(x)$ の極大値という．

$f(x)$ の極小値も全く同様に定義される．この極大値および極小値を併せ

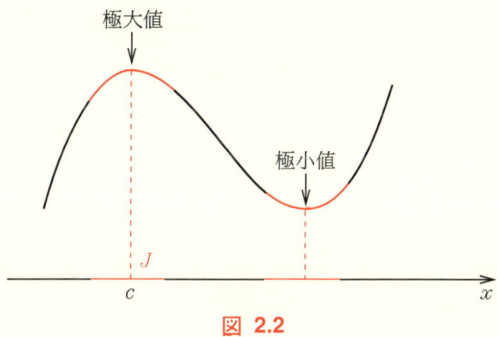

図 2.2

て**極値**という．

定理 2.2.1

関数 $f(x)$ が点 c を含む区間 J で定義され，$x=c$ で微分可能とする．

(1) $f(x)$ が $x=c$ で最大値または最小値を取るならば，$f'(c)=0$ である．

(2) $f(x)$ が $x=c$ で極値をもてば $f'(c)=0$ である．

証明 (1) 関数 $f(x)$ が $x=c$ で最大値を取ると仮定すると，x に対して $f(x) \leq f(c)$ が成り立つ．よって

$$h>0 \quad \text{ならば} \quad \frac{f(c+h)-f(c)}{h} \leq 0,$$

$$h<0 \quad \text{ならば} \quad \frac{f(c+h)-f(c)}{h} \geq 0$$

が成り立つ．したがって，$f'(c)=0$ である．最小値の場合も同様である．

(2) $f(x)$ が $x=c$ で極大値を取るとする．定義より，c を含む開区間で $f(x)$ は $x=c$ で最大値を取る．よって (1) より $f'(c)=0$ である． ■

定理 2.2.2 ───────────────── **ロルの定理** ───

関数 $f(x)$ が区間 $[a, b]$ で連続で，区間 (a, b) で微分可能とする． $f(a)=f(b)$ ならば
$$f'(c)=0$$
となる $c\ (a<c<b)$ が存在する．

証明 $f(x)$ が定数ならば定理は明らかである．

$f(x)$ が定数でないとする．$f(x)$ は閉区間 $[a, b]$ で連続であるから

$$\text{最大値}: m=f(c_1), \quad \text{最小値}: l=f(c_2)$$

をとる．$f(x)$ は定数ではないと仮定したから，m または l のいずれかは $f(a)=f(b)$ と異なり，c_1 または c_2 のいずれかは a または b とは異なっている．

仮りに $c_1 \neq a, b$ であるとする．$c=c_1$ とおくと，$a<c<b$ であり，区間 (a, b) に対して定理 2.2.1 を用いると $f'(c)=0$ である．

c_2 が a, b と異なる場合も同様である． 　　　　　　　　　　　　□

定理 2.2.3 ───────────────── **平均値の定理** ───

関数 $f(x)$ が区間 $[a, b]$ で連続で，区間 (a, b) で微分可能とすると
$$\frac{f(b)-f(a)}{b-a}=f'(c)$$
をみたす $c\ (a<c<b)$ が存在する．

証明 関数 $F(x)$ を
$$F(x)=f(x)-\frac{f(b)-f(a)}{b-a}(x-a)$$
と定義する．明らかに $F(a)=F(b)=f(a)$ であるから，$F(x)$ はロルの定理の仮定をみたす．よって $F'(c)=0$ となる $c\ (a<c<b)$ が存在する．$l=\frac{f(b)-f(a)}{b-a}$，$F'(x)=f'(x)-l$ であるから
$$f'(c)=l=\frac{f(b)-f(a)}{b-a}.$$
　　　　　　　　　　　　□

2.2 平均値の定理

定理 2.2.4

関数 $f(x)$ が微分可能で $f'(x) \equiv 0$ (恒等的に 0) ならば $f(x) = c$ (定数) である．

証明 a を固定する．このとき b に対して
$$(*) \qquad f(b) - f(a) = f'(c)(b-a)$$
をみたす点 c が a と b の間に存在する．$f'(x) \equiv 0$ より，特に $f'(c) = 0$ であるので $f(b) = f(a)$ となり，$f(x)$ は定数である． ■

定理 2.2.5 ―――――――――――――――――― 関数の増減 ―

(1) 関数 $f(x)$ が区間 $[a, b]$ で連続で (a, b) で微分可能なとき

 $f'(x) > 0$ $(a < x < b)$ ならば $f(a) < f(b)$ であり，

 $f'(x) < 0$ $(a < x < b)$ ならば $f(a) > f(b)$ である．

(2) 関数 $f(x)$ が区間で微分可能なとする．$f'(x) > 0$ ならば $f(x)$ は単調増加であり，$f'(x) < 0$ ならば単調減少である．

証明 (1) a を固定する．このとき
$$f(b) - f(a) = f'(c)(b-a)$$
である．$f'(x) > 0$ とすると，$f'(c) > 0$ であるから $f(a) < f(b)$ である．$f'(x) < 0$ の場合も同様である．

(2) 区間の任意の点 a, b $(a < b)$ に (1) を適用すればよい． ■

例題 2.2.1 ――――――――――――――――― 不等式の証明 ―

$x > 0$ のとき $x > \log(1+x)$ が成り立つことを示せ．

解答 $f(x) = x - \log(1+x)$ とおく．
$$f'(x) = 1 - \frac{1}{1+x} > 0 \quad (x > 0)$$
だから，定理 2.2.5(1) を $a = 0$, $b = x$ として用いると $f(x) > f(0) = 0$. ■

─ 例題 2.2.2 ─────────────────── 関数の増減と極値 ─

つぎの関数の最大値，最小値を求めよ．
$$f(x) = \operatorname{Sin}^{-1} x + 2\sqrt{1-x^2}.$$

解答 $f(x)$ は $[-1, 1]$ でのみ定義される関数である．$f(x)$ を微分すると

$$f'(x) = \frac{1}{\sqrt{1-x^2}} - \frac{2x}{\sqrt{1-x^2}}$$
$$= \frac{1-2x}{\sqrt{1-x^2}}$$

であるから，$f'(x) = 0$ となるのは，$x = \frac{1}{2}$ のときである．よって，$x = \frac{1}{2}$ で最大値 $\frac{\pi}{6} + \sqrt{3}$ をとる．また $x = -1$ で最小値 $-\frac{\pi}{2}$ をとる． ■

x	-1		$\frac{1}{2}$		1
$f'(x)$		$+$	0	$-$	
$f(x)$	$-\frac{\pi}{2}$	↗	$\frac{\pi}{6}+\sqrt{3}$	↘	$\frac{\pi}{2}$

図 2.3

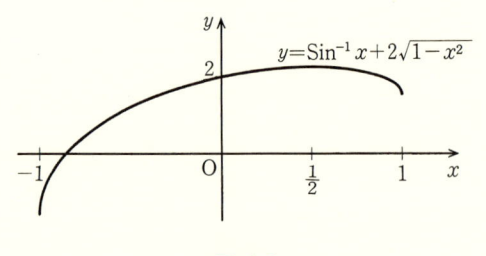

図 2.4

2.2 平均値の定理

定理 2.2.6 ─────────────── **コーシーの平均値の定理** ─

関数 $f(x)$, $g(x)$ が $[a, b]$ で連続で, (a, b) で微分可能とする. $g(a) \neq g(b)$ かつ $g'(x) \neq 0$ $(a < x < b)$ ならば, つぎの式をみたす c $(a < c < b)$ が存在する.

$$\frac{f(b) - f(a)}{g(b) - g(a)} = \frac{f'(c)}{g'(c)}.$$

証明 $l = \dfrac{f(b) - f(a)}{g(b) - g(a)}$ とし

$$F(x) = f(x) - l(g(x) - g(a))$$

とおけば, $F(x)$ はロルの定理の仮定をみたし, よって $F'(c) = 0$ となる c $(a < c < b)$ が存在する. $F'(x) = f'(x) - lg'(x)$ であるから

$$\frac{f'(c)}{g'(c)} = l = \frac{f(b) - f(a)}{g(b) - g(a)}.$$ □

不定形の極限 関数の商の極限 $\lim\limits_{x \to a} \dfrac{f(x)}{g(x)}$ において, 分子, 分母の極限 $\lim\limits_{x \to a} f(x)$, $\lim\limits_{x \to a} g(x)$ が共に 0 になるか, あるいは共に $\pm\infty$ になるとき不定形であるといい, 便宜的に $\dfrac{0}{0}$ 型の不定形, $\dfrac{\infty}{\infty}$ 型の不定形などという.

不定形の極限値を求めるのには, つぎに証明なしで述べるロピタルの定理が非常に有効である.

定理 2.2.7 ───────────────────── **ロピタルの定理** ─

$f(x)$, $g(x)$ は点 a の近くで定義されて微分可能とする. $\lim\limits_{x \to a} f(x) = \lim\limits_{x \to a} g(x) = 0$ で $\lim\limits_{x \to a} \dfrac{f'(x)}{g'(x)}$ が存在するならば, $\lim\limits_{x \to a} \dfrac{f(x)}{g(x)}$ も存在し

$$\lim_{x \to a} \frac{f(x)}{g(x)} = \lim_{x \to a} \frac{f'(x)}{g'(x)}.$$

$\dfrac{\infty}{\infty}$ 型の極限, および $a = \pm\infty$ のとき $\dfrac{0}{0}$ 型および $\dfrac{\infty}{\infty}$ 型の不定形の極限についても, 同様の結果が成り立つ (この場合も含めてロピタルの定理という).

―― 例題 2.2.3 ―――――――――――――――― ロピタルの定理の応用 ――

$$\lim_{x \to 0} \frac{e^{2x} - \cos x}{x} = 2.$$

解答 $f(x) = e^{2x} - \cos x$, $g(x) = x$ としてロピタルの定理を用いると

$$\lim_{x \to 0} \frac{e^{2x} - \cos x}{x} = \lim_{x \to 0} \frac{2e^{2x} + \sin x}{1} = 2. \quad \boxed{終}$$

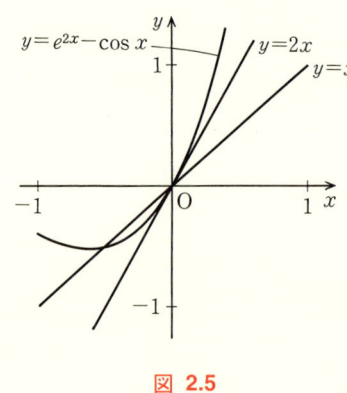

図 2.5

図 2.6 $y = x^x$

―― 例題 2.2.4 ―――――――――――――――――― 不定形の極限 ――

$$\lim_{x \to +0} x^x = 1.$$

解答 $y = x^x$ とおくと

$$\lim_{x \to +0} \log y = \lim_{x \to +0} x \log x = \lim_{x \to +0} \frac{\log x}{\frac{1}{x}}$$

である．ここで，ロピタル定理を用いると

$$= \lim_{x \to +0} \frac{\frac{1}{x}}{\frac{-1}{x^2}} = \lim_{x \to +0} (-x) = 0$$

となる．よって $x \to +0$ のときに $\log y \to 0$ となるから，指数関数の連続性より

$$y = e^{\log y} \to 1. \quad \boxed{終}$$

2.2 平均値の定理

曲線のパラメーター表示 連続関数 $\varphi(t)$, $\psi(t)$ で与えられる xy 平面の像

$$x=\varphi(t), \quad y=\psi(t)$$

をパラメーター t で表示される**連続曲線**という．

例 1 単位円はつぎのようにパラメーター表示される．

$$C: x=\cos\theta, \quad y=\sin\theta \quad (\theta : 0 \to 2\pi).$$

定理 2.2.8 ──────────────── **パラメーター表示の微分**

パラメーター表示された曲線 $x=\varphi(t)$, $y=\psi(t)$ が $\varphi'(c) \neq 0$ をみたすとする．このとき

$$\left(\frac{dy}{dx}\right)_{x=\varphi(c)} = \frac{\psi'(c)}{\varphi'(c)}.$$

証明 x, y が $x=\varphi(t)$, $y=\psi(t)$ とパラメーター表示されるとき，x と y には関数関係がある．$\varphi'(c) \neq 0$ ならば，$\varphi(t)$ は $t=c$ の近くで単調であり

$$y = \psi(\varphi^{-1}(x))$$

と x の関数と考えられる．点 $P(\varphi(c), \psi(c))$ の近くで y を x の関数とみたとき合成関数の微分と逆関数の微分を用いると

$$\left(\frac{dy}{dx}\right)_{x=\varphi(c)} = \psi'(c)\,(\varphi^{-1})'(\varphi(c)) = \frac{\psi'(c)}{\varphi'(c)}$$

となる． □

問題 2.2

1. 極限値を求めよ．

(1) $\displaystyle\lim_{x\to 0}\frac{x-\sin x}{x^3}$

(2) $\displaystyle\lim_{x\to\infty}\frac{(\log x)^3}{x}$

(3) $\displaystyle\lim_{x\to 1}\frac{x-1}{\log x}$

(4) $\displaystyle\lim_{x\to 0}\frac{x^2}{1+x-e^x}$

(5) $\displaystyle\lim_{x\to 0}\frac{x-\mathrm{Sin}^{-1}x}{x-x\cos x}$

(6) $\displaystyle\lim_{x\to 1}x^{\frac{x}{1-x}}$

(7) $\displaystyle\lim_{x\to 0}\frac{a^x-b^x}{x}$ $(a,\ b>0)$

2. つぎの不等式を示せ．

(1) $x\leqq(1+x)\log(1+x) \quad (x\geqq 0)$

(2) $e^x\leqq\dfrac{1}{1-x} \quad (x<1)$

(3) $x-\sin x<\tan x-x \quad \left(0<x<\dfrac{\pi}{2}\right)$

3. つぎの関数の増減，極値を調べグラフの概形を描け．

(1) $y=x^{1/x}$

(2) $y=x\log x$

4. パラメーター表示される，つぎの曲線 C の与えられた点 P における接線を求めよ．

(1) $C:\begin{cases}x=t^2+1\\ y=e^t\end{cases} \quad \mathrm{P}(2, e)$

(2) $C:\begin{cases}x=\log(t^3+t)\\ y=\mathrm{Tan}^{-1}t\end{cases} \quad \mathrm{P}\left(\log 2,\ \dfrac{\pi}{4}\right)$

2.3 高次の導関数

2次の導関数　関数 $y=f(x)$ の導関数 $f'(x)$ が微分可能なとき f は 2 回微分可能であるという．また $(f')'(x)$ を $f''(x)$ と書き f の 2 次の導関数という．

例1　$f(x)=\sin x$ とおくと
$$f'(x)=\cos x, \quad f''(x)=-\sin x.$$

n 次の導関数　これを繰り返して，f の n 次の導関数が定義される．$y=f(x)$ の n 次の導関数は，つぎのような記号を用いて表わす．
$$y^{(n)}, \quad f^{(n)}(x), \quad \frac{d^n y}{dx^n}, \quad \frac{d^n f}{dx^n}$$
また $f^{(0)}=f$ とおく．

例2　$f(x)=x^2$ とすると
$$f(x)=x^2, \quad f'(x)=2x, \quad f''(x)=2, \quad f^{(3)}(x)=0, \cdots$$
ここで，$f(x)=x^2$ に対して $f(x)$ は何回でも微分できることに注意しておく．

例3　$\dfrac{d^n}{dx^n}\sin x=\sin\left(x+\dfrac{n}{2}\pi\right), \quad \dfrac{d^n}{dx^n}\cos x=\cos\left(x+\dfrac{n}{2}\pi\right).$

$f(x)=\sin x$ の場合を帰納法で示したい．$n=0$ のときは明かである．n まで成立すると仮定する．$\cos x=\sin\left(x+\dfrac{\pi}{2}\right)$ を用いると
$$\frac{d^{n+1}}{dx^{n+1}}\sin x=\frac{d}{dx}\sin\left(x+\frac{n}{2}\pi\right)=\cos\left(x+\frac{n}{2}\pi\right)$$
$$=\sin\left(\left(x+\frac{n}{2}\pi\right)+\frac{\pi}{2}\right)=\sin\left(x+\frac{n+1}{2}\pi\right).$$
全く同様に $\dfrac{d^n}{dx^n}\cos x=\cos\left(x+\dfrac{n}{2}\pi\right)$ も成り立つ．

例4　$\dfrac{d^n e^x}{dx^n}=e^x, \quad \dfrac{d^n a^x}{dx^n}=(\log a)^n a^x \quad (a>0)$ も基本的な導関数の表 (p. 27) から帰納的に成り立つことがわかる．

C^n 級の関数　関数 $f(x)$ が n 回微分可能であるのみならず, n 回微分可能でさらに $f^{(n)}$ が連続である方が有用なことが多い. n 回微分可能で $f^{(n)}$ が連続な関数 f を **n 回連続微分可能な関数**とか C^n 級の関数という.

また何回でも微分ができる関数を**無限回微分可能な関数**とか C^∞ **級の関数**という.

例 5　上の例より
$$x^m \ (m=0,1,2,\cdots),\ 多項式,\ \sin x,\ \cos x,\ e^x$$
などは, $(-\infty, \infty)$ で無限回微分可能である.

曲線の凹凸　曲線 $C: y=f(x)$ 上の点 $P(a, f(a))$ における接線を l とする. 点 P の近くでは P 以外で C の方が l よりも上にあるとき, 曲線 C は P で(または $x=a$ で) **下に凸**であるという.

曲線が各点で上に凸であることも同様に定義される. また点 P の前後で曲線 C が接線 l の上から下, あるいは下から上と変化するとき P は曲線 C の**変曲点**であるという.

図 2.7　下に凸　　　　　図 2.8　変曲点

例 6　曲線 $C: y=x^2$ の点 $P(a, a^2)$ における接線 l は
$$l: y=2ax-a^2$$
である. よって
$$x^2-(2ax-a^2)=(x-a)^2\geqq 0$$
(等号成立は $x=a$ のとき)であるから, 曲線 C は P 以外では, 接線 l より上にある. すなわち, $y=x^2$ は $(-\infty, \infty)$ で下に凸である.

2.3 高次の導関数

曲線の凹凸，関数の極値を判定するのに 2 次の導関数が有効である．

定理 2.3.1 ─────────── 2 次の導関数と曲線の凹凸 ─

$f''(x)$ が $x=a$ で連続とする．$f''(a)>0$ ならば，$y=f(x)$ は点 $\mathrm{P}(a, f(a))$ で下に凸である．

証明 曲線 $y=f(x)$ の P における接線は
$$l : y = f'(a)(x-a) + f(a)$$
であるから，曲線が P で下に凸とは
$$g(x) = f(x) - f(a) - f'(a)(x-a)$$
とおいたとき，a の近傍では a を除き $g(x)>0$ となることである．定義により
$$g'(x) = f'(x) - f'(a), \quad g''(x) = f''(x)$$
であるから，$g(a)=g'(a)=0$ である．$g''(a)=f''(a)>0$ であり $g''(x)$ は $x=a$ で連続だから，$x=a$ の近くでは $g''(x)>0$ である．増減表を作ると

	$x<a$	$x=a$	$x>a$
$g''(x)$	+	+	+
$g'(x)$	$-(\nearrow)$	0	$+(\nearrow)$
$g(x)$	$+(\searrow)$	0	$+(\nearrow)$

図 2.9

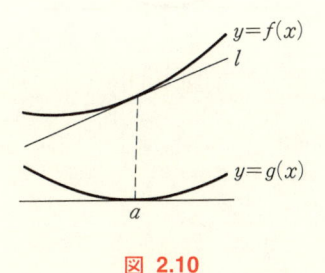

図 2.10

となり a の近くで $g(x)>0$ がわかる． □

例7 $y=x^3-6x$ の凹凸を調べる．$y'=3x^2-6$，$y''=6x$ であるから $x<0$ では $y''<0$，$x>0$ では $y''>0$．よって

$$\text{曲線 } y=f(x) \text{ は } x<0 \text{ では上に凸，} x>0 \text{ では下に凸．}$$

また 0 の前後で y'' は－から＋へ符号を変えるから

$$\text{原点は } y=x^3 \text{ の変曲点である．}$$

定理 2.3.2 ──────────────────── 2 次の導関数と極値 ──

$f'(a)=0$ とする．
(1) $f''(x)$ が点 a で連続で $f''(a)>0$ ならば，$f(x)$ は点 a で極小値をもつ．
(2) $f''(x)$ が点 a で連続で $f''(a)<0$ ならば，$f(x)$ は点 a で極大値をもつ．

証明 (1) $f'(a)=0$ であるから，$x=a$ での $y=f(x)$ の接線は x 軸に平行である．また $f''(a)>0$ であるから $y=f(x)$ は $x=a$ で下に凸となる．よって $f(x)$ は a で極小値をとる．
(2) $f''(a)<0$ のときも同様である． 終

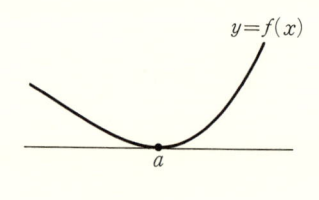

図 2.11

2.3 高次の導関数

つぎのニュートン近似は，方程式の解を近似的に求めるのに非常に役立つ．

定理 2.3.3 ────────────────── ニュートン近似 ──

$f(x)$ は $[a,b]$ を含む区間で 2 回微分可能で，つぎの条件をみたすとする．

 (ⅰ) $f(a)<0,\ f(b)>0,$ 　(ⅱ) $f'(x)>0,\ f''(x)>0$ 　$(a\leq x\leq b)$．

このとき $f(x)=0$ は区間 $[a,b]$ において，ただ 1 つの解 α をもつ．ここで，数列 $\{c_n\}$ を

$$c_1=b, \qquad c_{n+1}=c_n-\frac{f(c_n)}{f'(c_n)} \qquad (n\geq 1)$$

と定義すると，数列 $\{c_n\}$ は単調減少で α に収束する．

証明 $f(a)<0,\ f(b)>0$ であるから，$f(\alpha)=0$ となる α が存在する．f は単調増加であるから点 α はただ 1 つに決まる．

$f''(x)>0$ だから区間 $[a,b]$ の各点で $y=f(x)$ は下に凸である．よって，仮定により

$$c_2=c_1-\frac{f(c_1)}{f'(c_1)}<c_1$$

であり，$y=f(x)$ が下に凸であるから $\alpha<c_2$．すなわち $f(c_2)>0$ である．これを繰り返して

$$c_1>c_2>c_3>\cdots>\alpha$$

を得る．すなわち，$\{c_n\}$ は有界な単調減少数列となるから収束する．ここで，$\lim_{n\to\infty}c_n=\beta$ とおく．

$$c_{n+1}=c_n-\frac{f(c_n)}{f'(c_n)}$$

の両辺の極限をとると

$$\beta=\beta-\frac{f(\beta)}{f'(\beta)}$$

より $f(\beta)=0$．α の一意性により $\beta=\alpha$ となり，定理が示された． ■

―― 例題 2.3.1 ―――――――――――――― ニュートン近似の応用 ――

$f(x)=x^2-3$, $a=1$, $b=2$ にニュートン近似の第 4 項まで計算し，$\sqrt{3}$ の近似値を求めよ．

解答 $f(1)=-2<0$, $f(2)=1>0$.

また $1\leqq x\leqq 2$ において

$$f'(x)=2x>0, \quad f''(x)=2>0$$

であるから，$f(x)=x^2-3$, $a=1$, $b=2$ は定理 2.3.3 の条件をみたす．

$b_1=2$,

$b_2=b_1-\dfrac{f(b_1)}{f'(b_1)}=2-\dfrac{2^2-3}{2\cdot 2}=1.75$,

$b_3=b_2-\dfrac{f(b_2)}{f'(b_2)}=1.75-\dfrac{1.75^2-3}{2\cdot 1.75}=1.732142857$,

$b_4=b_3-\dfrac{f(b_3)}{f'(b_3)}=1.732142857-\dfrac{1.732142857^2-3}{2\cdot 1.732142857}=1.73205081$. □

ライプニッツの公式 関数の積 fg の n 次の導関数についてライプニッツの公式と呼ばれる 2 項展開に似た式が成り立つ．証明は 2 項展開の場合とまったく同じで

$$\binom{n}{k-1}+\binom{n}{k}=\binom{n+1}{k}$$

を用いて帰納法で示せばよい．

―― 定理 2.3.4 ―――――――――――――― ライプニッツの公式 ――

関数 f, g が区間 I で n 回微分可能ならば，積 fg も n 回微分可能で

$$(fg)^{(n)}=\sum_{k=0}^{n}\binom{n}{k}f^{(n-k)}g^{(k)}.$$

2.3 高次の導関数

例 8 $(fg)''' = f'''g + 3f''g' + 3f'g'' + fg'''$.

例 9 $(e^x \sin x)'''$
$= (e^x)''' \sin x + 3(e^x)'' (\sin x)' + 3(e^x)' (\sin x)'' + e^x (\sin x)'''$
$= e^x \sin x + 3e^x \sin\left(x + \dfrac{\pi}{2}\right) + 3e^x \sin\left(x + \dfrac{2\pi}{2}\right) + e^x \sin\left(x + \dfrac{3\pi}{2}\right)$
$(= 2e^x (\cos x - \sin x))$.

例題 2.3.2

$n \geqq 3$ のとき $\dfrac{d^n}{dx^n}\{(x^2+x)\cos x\}$ を求めよ.

解答 $f(x) = \cos x$, $g(x) = x^2 + x$ とおくと
$g'(x) = (x^2+x)' = 2x+1$,
$g''(x) = (2x+1)' = 2$,
$g^{(k)}(x) = 0 \quad (k \geqq 3)$,
$\dbinom{n}{0} = 1, \quad \dbinom{n}{1} = n, \quad \dbinom{n}{2} = \dfrac{n(n-1)}{2}$
であるから
$\dfrac{d^n}{dx^n}\{(x^2+x)\cos x\}$
$= (x^2+x)(\cos x)^{(n)} + n(x^2+x)'(\cos x)^{(n-1)}$
$\qquad + \dfrac{n(n-1)}{2}(x^2+x)''(\cos x)^{(n-2)}$
$= (x^2+x)\cos\left(x + \dfrac{n\pi}{2}\right) + n(2x+1)\cos\left(x + \dfrac{(n-1)\pi}{2}\right)$
$\qquad + n(n-1)\cos\left(x + \dfrac{(n-2)\pi}{2}\right)$. ■

問題 2.3

1. つぎの関数の n 次 ($n \geq 1$) の導関数を求めよ.

(1) $y = \dfrac{1}{1+x}$

(2) $y = \log(1-x)$

(3) $y = (1+x)^{\alpha}$

(4) $y = x^2 e^{2x}$

(5) $y = 3^x(x^2 + x)$

(6) $y = x^2 \cos(2x)$

(7) $y = \dfrac{1}{x^2 - x - 2}$

(8) $y = \dfrac{e^x}{1-x}$

2. つぎの曲線の極値, 凹凸, 変曲点を調べ, その概形を描け.

(1) $y = (x-1)^2(x-3)$

(2) $y = 2x^2\sqrt{x} - 5x^2$

(3) $y = \dfrac{\log x}{x}$

3. つぎの方程式の, 与えられた範囲にある解を, ニュートン近似の第 4 項まで求めよ.

(1) $x^2 - 5 = 0$, $[2, 3]$

(2) $x^3 + x + 1 = 0$, $[-1, 0]$

4. $z = g(y)$, $y = f(x)$ で f, g がともに 2 回微分可能ならば, z は x に関して 2 回微分可能で

$$\dfrac{d^2z}{dx^2} = \dfrac{d^2z}{dy^2}\left(\dfrac{dy}{dx}\right)^2 + \dfrac{dz}{dy}\dfrac{d^2y}{dx^2}$$

が成り立つことを示せ.

2.4 テーラーの定理

定理 2.4.1 ──────────────────── テーラーの定理 ─

$f(x)$ が区間 I で n 回微分可能とする．2点 a, b $(a<b)$ に対し
$$f(b)=\sum_{k=0}^{n-1}\frac{f^{(k)}(a)}{k!}(b-a)^k+\frac{f^{(n)}(c)}{n!}(b-a)^n$$
をみたす点 $c\,(a<c<b)$ が a と b の間に存在する．

証明 平均値の定理と同様にロルの定理を用いて示す．定数 l を
$$f(b)=\sum_{k=0}^{n-1}\frac{f^{(k)}(a)}{k!}(b-a)^k+l(b-a)^n$$
と取ると，$l=\frac{f^{(n)}(c)}{n!}\,(a<c<b)$ であることを示せばよい．そこで
$$F(x)=f(b)-\left\{f(x)+f'(x)(b-x)+\cdots+\frac{f^{(n-1)}(x)}{(n-1)!}(b-x)^{n-1}+l(b-x)^n\right\}$$
とおく．$F(x)$ は区間 I で微分可能な関数であり，$F(b)=0$ である．また l の取り方により $F(a)=0$ がわかる．よってロルの定理を使うことができて $F'(c)=0$ となる c が a と b の間に存在する．さて $F'(x)$ を計算すると

$$\begin{aligned}F'(x)=&-\left\{f'(x)+(f''(x)(b-x)-f'(x))\right.\\&+\left(\frac{f'''(x)}{2}(b-x)^2-f''(x)(b-x)\right)+\cdots\\&\left.+\left(\frac{f^{(n)}(x)}{(n-1)!}(b-x)^{n-1}-\frac{f^{(n-1)}(x)}{(n-2)!}(b-x)^{n-2}\right)-nl(b-x)^{n-1}\right\}\\=&-\frac{f^{(n)}(x)}{(n-1)!}(b-x)^{n-1}+nl(b-x)^{n-1}.\end{aligned}$$

したがって
$$0=F'(c)=-\frac{f^{(n)}(c)}{(n-1)!}(b-c)^{n-1}+nl(b-c)^{n-1}.$$
$c\neq b$ であるから $l=\frac{f^{(n)}(c)}{n!}$ が成り立つことがわかる． ■

剰余項 定理において $R_n = \dfrac{f^{(n)}(c)}{n!}(b-a)^n$ とおき，剰余項という．

$a=0$ のときには，テーラーの定理は**マクローリンの定理**とも呼ばれる．

テーラーの定理において b を x とおくと a と x の間にある数 c は

$$c = a + \theta(x-a) \quad (0 < \theta < 1)$$

と書くことができる．したがって，テーラーの定理はつぎのようにも書き表わすことができる．

定理 2.4.2 ────────────────── **有限テーラー展開**

$f(x)$ が区間で n 回微分可能とする．点 a を固定すると，微分可能な点 x に対して

$$f(x) = \sum_{k=0}^{n-1} \frac{f^{(k)}(a)}{k!}(x-a)^k + \frac{f^{(n)}(a+\theta(x-a))}{n!}(x-a)^n$$

をみたす θ $(0<\theta<1)$ が存在する．この右辺を，$x=a$ における有限テーラー展開という．

例 1 $f(x) = \log x$ の $x=1$ おける有限テーラー展開を求める．

$$f^{(k)}(x) = (\log x)^{(k)} = \frac{(-1)^{k-1}(k-1)!}{x^k} \quad (k \geq 1)$$

であるから

$$\log x = \sum_{k=0}^{n-1} \frac{f^{(k)}(1)}{k!}(x-1)^k + \frac{f^{(n)}(1+\theta(x-1))}{n!}(x-1)^n$$

$$= (x-1) - \frac{1}{2}(x-1)^2 + \cdots + \frac{(-1)^{n-2}}{n-1}(x-1)^{n-1}$$

$$+ \frac{(-1)^{n-1}}{n(1+\theta(x-1))^n}(x-1)^n \quad (0<\theta<1).$$

特に $x=0$ における有限テーラー展開は，**有限マクローリン展開**とも呼ばれる．

2.4 テーラーの定理

定理 2.4.3 ──────────── 有限マクローリン展開 ──

$f(x)$ が 0 を含む区間で n 回微分可能とする．微分可能な x に対して
$$f(x)=f(0)+f'(0)x+\frac{f''(0)}{2!}x^2+\cdots+\frac{f^{(n-1)}(0)}{(n-1)!}x^{n-1}+\frac{f^{(n)}(\theta x)}{n!}x^n$$
をみたす θ $(0<\theta<1)$ が存在する．

例 2 e^x に有限マクローリン展開を用いる．$(e^x)^{(n)}=e^x$ であるから
$$e^x=1+x+\frac{x^2}{2}+\frac{x^3}{3!}+\cdots+\frac{x^{n-1}}{(n-1)!}+\frac{e^{\theta x}}{n!}x^n \qquad (0<\theta<1).$$

例 3 $\sin x$ に $n=2m$（偶数）として有限マクローリン展開を用いる．
$$\sin x = x - \frac{x^3}{3!} + \frac{x^5}{5!} - \cdots + \frac{(-1)^{m-1}x^{2m-1}}{(2m-1)!} + \frac{(-1)^m \sin(\theta x)}{(2m)!}x^{2m}$$
$$(0<\theta<1).$$
ここで，剰余項の計算に $\sin(x+m\pi)=(-1)^m\sin x$ を用いた．

ランダウの記号 関数の局所的な評価を知りたいことは多い．関数の局所的な評価を表すために，点 a の近くで定義された 2 つの関数 f, g に対し
$$\lim_{x\to a}\frac{f(x)}{g(x)}=0$$
のとき
$$f(x)=o(g(x)) \qquad (x\to a)$$
と書く．この記法をランダウの記号という（o はスモールオーと読む）．特に
$$f(x)=o(1) \qquad (x\to a)$$
とは $\lim_{x\to a}f(x)=0$ を意味する．

例 4 $\cos x - 1 = o(x)$ $(x\to 0)$ が成り立つ．検証するために，実際にロピタルの定理を用いると
$$\lim_{x\to 0}\frac{\cos x-1}{x}=\lim_{x\to 0}\frac{-\sin x}{1}=0.$$
つまり $\cos x - 1 = o(x)$ $(x\to 0)$ が成り立っている．

関数 $f(x)$ の評価の式として，ランダウの記号 $o(x^m)$ を用いることは多い．例えば

例5　$\cos x = 1 + o(x)$　　$(x \to 0)$　　（例4の変形である）．

例6　$\sin x = x + o(x^2)$　　$(x \to 0)$．

<u>漸近展開</u>　つぎの定理のように，有限マクローリン展開において剰余項を評価してランダウの記号を用いて表わした方がわかりやすいことも多い．これを関数の漸近展開という．

定理 2.4.4 ──────────────────────── 漸近展開 ─

$f(x)$ が 0 を含む区間で C^n 級の関数とすると，$x \to 0$ のとき
$$f(x) = f(0) + f'(0)x + \frac{f''(0)}{2!}x^2 + \cdots + \frac{f^{(n)}(0)}{n!}x^n + o(x^n).$$

証明　$f^{(n)}(x)$ の $x=0$ における連続性を用いると，
$$\frac{f^{(n)}(\theta x) - f^{(n)}(0)}{n!} \to 0 \quad (x \to 0).$$
すなわち
$$\frac{f^{(n)}(\theta x) - f^{(n)}(0)}{n!} = o(1) \quad (x \to 0).$$
である．よって，$x \to 0$ のとき
$$\frac{f^{(n)}(\theta x) - f^{(n)}(0)}{n!} x^n = o(1) x^n = o(x^n)$$
であるから
$$R_n = \frac{f^{(n)}(\theta x)}{n!} x^n$$
$$= \frac{f^{(n)}(0)}{n!} x^n + \frac{f^{(n)}(\theta x) - f^{(n)}(0)}{n!} x^n$$
$$= \frac{f^{(n)}(0)}{n!} x^n + o(x^n).$$

これを有限マクローリン展開に代入すればよい．　　終

2.4 テーラーの定理

例7 $n=2$ のときの漸近展開の例をいくつか示す（いずれも $x \to 0$）.

$$e^x = 1 + x + \frac{x^2}{2} + o(x^2),$$

$$\cos x = 1 - \frac{x^2}{2} + o(x^2),$$

$$\sin x = x + o(x^2),$$

$$(\cos x) e^x = \left(1 - \frac{x^2}{2} + o(x^2)\right)\left(1 + x + \frac{x^2}{2} + o(x^2)\right)$$

$$= 1 + x + o(x^2).$$

例題 2.4.1 ─────────── 漸近展開を用いて極限を求める ───

$$\lim_{x \to 0} \frac{\log(1+x) - \sin x}{x^2} \text{ を求めよ.}$$

解答

$$\lim_{x \to 0} \frac{\log(1+x) - \sin x}{x^2}$$

$$= \lim_{x \to 0} \frac{x - \frac{x^2}{2} + o(x^2) - (x + o(x^2))}{x^2}$$

$$= \lim_{x \to 0} \left(-\frac{1}{2} + \frac{o(x^2)}{x^2}\right)$$

$$= -\frac{1}{2}. \qquad \blacksquare$$

問題 2.4

1. つぎの関数の有限マクローリン展開を，$n=4$ のときに書き表せ．

    (1) $\sin x$ (2) $\sqrt{1+x}$

    (3) $x \sin x$ (4) $\dfrac{x}{1+x}$

2. つぎの関数の有限マクローリン展開を書け．

    (1) $\cos x$ $(n=2m)$

    (2) $\sin x$ $(n=2m+1)$

    (3) e^{2x}

    (4) $\log(1+x)$

3. つぎの関数の漸近展開を x^3 の項まで書け．

    (1) $(1+x^2)\cos x$

    (2) $(2-x)\sqrt{1+x}$

    (3) $e^{2x}\sin x$

4. つぎの極限を漸近展開を用いて求めよ．

    (1) $\displaystyle\lim_{x \to 0} \dfrac{(1+x)\sin x - x\cos x}{x^2}$

    (2) $\displaystyle\lim_{x \to 0} \dfrac{e^{x^2} - \cos x}{x \sin x}$

    (3) $\displaystyle\lim_{x \to 0} \dfrac{\sin x - xe^x + x^2}{x(\cos x - 1)}$

5. つぎの値の近似値を，与えられた関数の有限マクローリン展開を x^5 の項まで計算して求めよ．また誤差も簡単に評価せよ．

    (1) $e^{1/2}$ $\left(e^x,\ x=\dfrac{1}{2}\ を用いよ．\right)$

    (2) $\log 2$ $\left(\log \dfrac{1+x}{1-x},\ x=\dfrac{1}{3}\ を用いよ．\right)$

    (3) $\sin 0.1$ $(\sin x,\ x=0.1\ を用いよ．)$

6. $f(x)$ が C^2 級で $f''(a) \neq 0$ とすると，平均値の定理
$$f(a+h) = f(a) + hf'(a+\theta h)$$
において，θ は h の関数であるが $\displaystyle\lim_{h \to 0} \theta = \dfrac{1}{2}$ をみたすことを示せ．

3 偏微分

　　　　　　　多変数の関数を調べよう．この章では主として2変数の場合のみを扱うが，同様の結果は3変数以上の場合にも成立する．

3.1 多変数の関数

多変数の関数　変数 x と y に値を与えると $z=f(x,y)$ の値が決まるとき，z は x と y の関数であるという．

例1　$z=2x^2y+xy^2$ とおくと，z は x と y の2変数の関数である．

多変数関数の極限　xy 平面上の点 (x,y) を点 (a,b) にどのように近づけても関数 $f(x,y)$ の値が l に近づくとき，l を関数 $f(x,y)$ の点 (a,b) における極限(値)といい，1変数の場合と同様に次のように表わす．
$$\lim_{(x,y)\to(a,b)} f(x,y)=l.$$

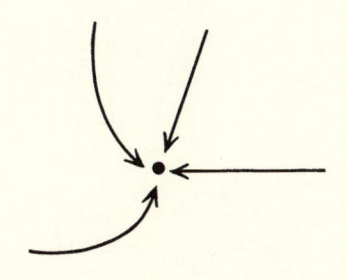

図 3.1

---- 例題 3.1.1 ―――――――――――――――――――― 関数の極限 ――

つぎの関数の極限を求めよ．
$$\lim_{(x,y)\to(0,0)} \frac{x^2-y^2}{x^2+y^2}.$$

解答 $y=0$ に沿った極限を求めると
$$\lim_{\substack{(x,y)\to(0,0)\\y=0}} \frac{x^2-y^2}{x^2+y^2} = \lim_{x\to 0} \frac{x^2}{x^2} = 1.$$

また $x=0$ に沿った極限を求めると
$$\lim_{\substack{(x,y)\to(0,0)\\x=0}} \frac{x^2-y^2}{x^2+y^2} = \lim_{y\to 0} \frac{-y^2}{y^2} = -1.$$

よって，2つの直線に沿った原点に近づく極限が異なるので極限なし． 終

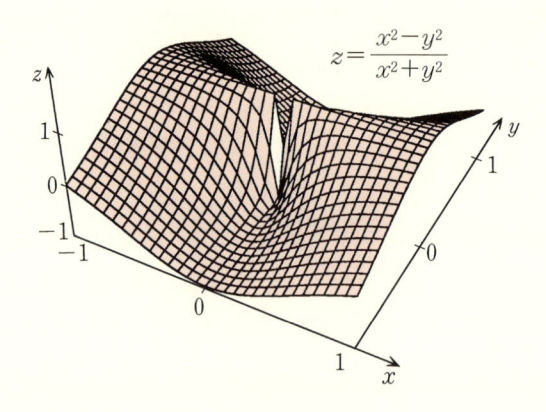

図 3.2

3.1 多変数の関数

例題 3.1.2 ────────────────── 関数の極限 ─

つぎの関数の極限を求めよ.
$$\lim_{(x,y)\to(0,0)} \frac{2x^3-y^3+x^2+y^2}{x^2+y^2}.$$

解答 $x=0$, $y=0$, $y=x$ などに沿った極限を例題 3.1.1 と同様にして調べる. いずれの場合も極限は 1 であるから, もし 2 変数関数としての極限があるならば, それは 1 でなければならない. よって, $f(x,y)$ と 1 の差を評価する.

$x=r\cos\theta$, $y=r\sin\theta$ とおくと $(x,y)\to(0,0)$ のとき $r\to 0$ であるから

$$\left|\frac{2x^3-y^3+x^2+y^2}{x^2+y^2}-1\right| = \left|\frac{2x^3-y^3}{x^2+y^2}\right|$$

$$\leq \left|\frac{2r^3\cos^3\theta}{r^2}\right| + \left|\frac{r^3\sin^3\theta}{r^2}\right|$$

$$\leq 2r+r \longrightarrow 0 \quad ((x,y)\to(0,0)).$$

よって極限は 1 である. 　　　　　　　　　　　　　　　　　　　　　□終

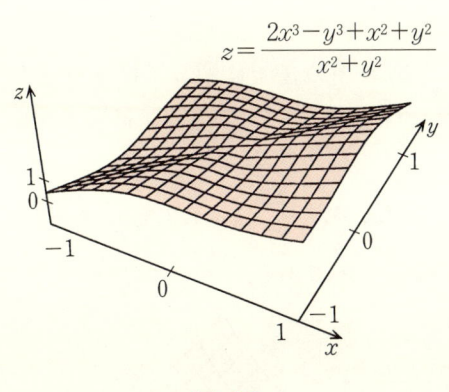

図 3.3

連続関数 点 (a,b) の近傍で定義される関数 $f(x,y)$ が点 (a,b) において連続であるとは

$$\lim_{(x,y)\to(a,b)} f(x,y) = f(a,b)$$

が成り立つときにいう. これは, 1 変数の場合と同様である.

連続関数の和，差，積，商について，一変数の場合と同様に，つぎの定理が成り立つ．

定理 3.1.1 ──────────── 関数の和，差，積，商の連続性 ──

もし $f(x, y)$, (x, y) が点 (a, b) で連続ならば

$$cf, \quad f \pm g, \quad fg, \quad \frac{f}{g} \ (\text{ただし } g(a, b) \neq 0 \text{ のとき})$$

も点 (a, b) で連続である．

多変数関数の連続性　平面の領域で定義される関数 $f(x, y)$ が連続であるとは，$f(x, y)$ が領域のすべての点において連続であるときにいう．

偏微分可能性　関数 $f(x, y)$ が点 (a, b) において x に関して偏微分可能であるとは，$y = b$ とおいて得られる x の関数 $f(x, b)$ が $x = a$ で微分可能のときにいう．この値 $f_x(a, b)$ を x に関する偏微分係数といい，つぎのように書き表す．

$$f_x(a, b), \quad \frac{\partial f}{\partial x}(a, b).$$

偏導関数　$f(x, y)$ が各点で x に関して微分可能のとき，$f_x(a, b)$ を (a, b) の関数と見たものを，$z = f(x, y)$ の x に関する偏導関数といい，つぎのように書く．

$$f_x(x, y), \quad \frac{\partial f}{\partial x}(x, y), \quad z_x, \quad \frac{\partial z}{\partial x}.$$

y に関する偏導関数も同様である．

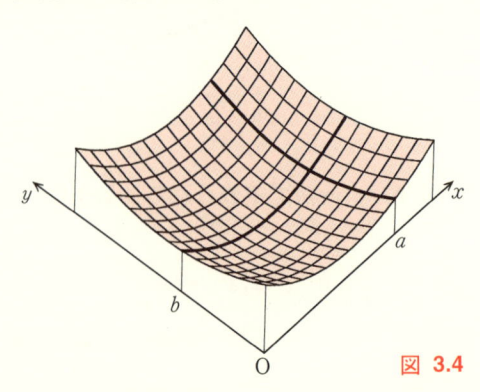

図 3.4

3.1 多変数の関数

例 2 $f(x, y) = x^2y + 3xy^5 + x^3$ とすると
$$f_x(x, y) = 2xy + 3y^5 + 3x^2,$$
$$f_y(x, y) = x^2 + 15xy^4.$$

例 3 $f(x, y, z) = x^2yz^3 + yz$ とすると
$$f_x(x, y, z) = 2xyz^3,$$
$$f_y(x, y, z) = x^2z^3 + z,$$
$$f_z(x, y, z) = 3x^2yz^2 + y.$$

定理 3.1.2

(1) 全平面で偏微分可能な関数 $z = f(x, y)$ が,
$$f_x(x, y) \equiv 0 \quad (\text{恒等的に } 0)$$
となるなら, z は y のみの関数である.

(2) また $f_y(x, y) \equiv 0$ ならば z は x のみの関数である.

(3) さらに, $f_x(x, y) = f_y(x, y) \equiv 0$ ならば $f(x, y)$ は定数である.

証明 $f_x(x, y) \equiv 0$ と仮定する.

(1) y を固定したとき, $f(x, y)$ は x の関数として微分したものが 0 であるから定数である. すなわち $f(x, y)$ は y のみによって決まり, x にはよらない.

(2) $f_y(x, y) \equiv 0$ ならば, 上と同様に $f(x, y)$ は x のみによって決まり, y にはよらない.

(3) (1) および (2) により $f_x(x, y) = f_y(x, y) \equiv 0$ ならば $f(x, y)$ は定数である. ■

問題 3.1

1. 極限値を求めよ．

   (1) $\displaystyle\lim_{(x,y)\to(0,0)} \frac{x^2 y}{x^2+y^2}$

   (2) $\displaystyle\lim_{(x,y)\to(0,0)} \frac{x^2-2y^2}{x^2+y^2}$

   (3) $\displaystyle\lim_{(x,y)\to(0,0)} \frac{x^2+2y^2}{2x^2+y^2}$

   (4) $\displaystyle\lim_{(x,y)\to(0,0)} \frac{x^3+x^2 y}{2x^2+y^2}$

2. つぎの関数 $z=f(x,y)$ のグラフの xz 平面，yz 平面による切口の図形を描け．

   (1) $z=\dfrac{x^2-y^2}{x^2+y^2}$ $\quad\quad((x,y)\neq(0,0))$

   (2) $z=\dfrac{x+y^3}{x^2+y^2}$ $\quad\quad((x,y)\neq(0,0))$

3. つぎの関数 $z=f(x,y)$ の原点における連続性を調べよ．

   (1) $z=\begin{cases} \dfrac{x^3+y^3}{x^2+y^2} & ((x,y)\neq(0,0)) \\ 0 & ((x,y)=(0,0)) \end{cases}$

   (2) $z=\begin{cases} \dfrac{x^2+y^2}{x^2+2y^2} & ((x,y)\neq(0,0)) \\ 0 & ((x,y)=(0,0)) \end{cases}$

4. つぎの関数の偏導関数を求めよ．

   (1) $z=x^2 y^5-2x^3 y^2+y$

   (2) $z=x^3+y^2+2$

   (3) $z=\sin(x^2 y)$

3.2 全微分可能性と合成関数の微分

全微分可能性　関数 $f(x, y)$ が点 (a, b) で全微分可能であるとは，o をランダウの記号とするとき，点 (x, y) をどういう方向からでも点 (a, b) に近づけると，ある定数 m, n が存在して

(*)　$f(x, y) - f(a, b) = m(x-a) + n(y-b) + o(\sqrt{(x-a)^2 + (y-b)^2})$

が成り立つときにいう．これを言い換えると

$$f(a+h, b+k) - f(a, b) = mh + nk + o(\sqrt{h^2 + k^2}) \quad ((h, k) \to (0, 0))$$

となる．ここで $x = a+h$, $y = b+k$ である．

定理 3.2.1　　　　　　　　　　　　　　　　　　　**全微分可能性と偏微係数**

関数 $f(x, y)$ が点 (a, b) で全微分可能ならば，$f(x, y)$ は x, y に関して (a, b) で偏微分可能で，(*) で
$$m = f_x(a, b), \quad n = f_y(a, b)$$
が成り立つ．

証明　全微分可能性より，$k=0$ とすると，$\sqrt{h^2+k^2} = |h|$ なので

$$f(a+h, b) - f(a, b) = mh + o(|h|) \quad (h \to 0).$$

よって

$$f_x(a, b) = \lim_{h \to 0} \frac{f(a+h, b) - f(a, b)}{h}$$
$$= \lim_{h \to 0} \frac{mh + o(|h|)}{h} = m.$$

y に関する偏微分に関しても同様である．　　　　　　　　　　　　　　　□

定理 3.2.2 ───────────── 全微分可能性と連続性 ──

関数 $f(x, y)$ が点 (a, b) で全微分可能ならば (a, b) で連続である.

証明 $f(x, y)$ が全微分可能であるとすると
$$\lim_{(h,k)\to(0,0)} \{f(a+h, b+k) - f(a, b)\}$$
$$= \lim_{(h,k)\to(0,0)} \{mh + nk + o(\sqrt{h^2+k^2})\} = 0$$
となる. よって, $f(x, y)$ は (a, b) で連続である.

合成関数の微分 $f(x, y)$ が 2 変数の関数で, $x = x(t)$ および $y = y(t)$ と変数 t の関数のとき, $f(x(t), y(t))$ を t で微分しよう.

定理 3.2.3 ───────────── 合成関数の微分 I ──

関数 $z = f(x, y)$ が全微分可能, 関数 $x = \varphi(t)$, $y = \psi(t)$ が t の区間 I で微分可能とする. 合成関数 $z = f(\varphi(t), \psi(t))$ は t の関数として I で微分可能で, つぎの関係が成り立つ.
$$\frac{dz}{dt} = \frac{\partial z}{\partial x}\frac{dx}{dt} + \frac{\partial z}{\partial y}\frac{dy}{dt}.$$

この定理の証明は省略する. それよりも $z = f(x, y)$ が x と y という 2 変数の変数をもつときには, z の変化は x の変化と y の変化の和と考えられることを理解してほしい.

3.2 全微分可能性と合成関数の微分

例1 $z=f(x,y)$, $x=at+b$, $y=ct+d$ とする．このとき

$$\frac{dz}{dt}=\frac{\partial z}{\partial x}\frac{dx}{dt}+\frac{\partial z}{\partial y}\frac{dy}{dt}$$

$$=a\frac{\partial z}{\partial x}+c\frac{\partial z}{\partial y}$$

$$=af_x(at+b,ct+d)+cf_y(at+b,ct+d)$$

が成り立つ．

つぎに $z=f(x,y)$ で x, y が共に2つの変数 u, v の関数である場合を考える．このときには $\dfrac{\partial z}{\partial u}$, $\dfrac{\partial z}{\partial v}$ はつぎのように表される．

定理 3.2.4 ――――――――――――――― **合成関数の微分 II** ―

関数 $z=f(x,y)$ が全微分可能で，関数 $x=\varphi(u,v)$, $y=\psi(u,v)$ は偏微分可能とする．このとき合成関数

$$z=f(\varphi(u,v),\psi(u,v))$$

は u, v の関数として偏微分可能で，つぎの関係が成り立つ（この関係を**連鎖律**という）．

$$\frac{\partial z}{\partial u}=\frac{\partial z}{\partial x}\frac{\partial x}{\partial u}+\frac{\partial z}{\partial y}\frac{\partial y}{\partial u},\quad \frac{\partial z}{\partial v}=\frac{\partial z}{\partial x}\frac{\partial x}{\partial v}+\frac{\partial z}{\partial y}\frac{\partial y}{\partial v}.$$

ヤコビアン 定理における関係式を行列を用いて表わすと

$$\left(\frac{\partial z}{\partial u},\frac{\partial z}{\partial v}\right)=\left(\frac{\partial z}{\partial x},\frac{\partial z}{\partial y}\right)\begin{pmatrix}\dfrac{\partial x}{\partial u}&\dfrac{\partial x}{\partial v}\\[4pt]\dfrac{\partial y}{\partial u}&\dfrac{\partial y}{\partial v}\end{pmatrix}$$

この右辺の正方行列の行列式を

$$\frac{\partial(x,y)}{\partial(u,v)}=\det\begin{pmatrix}\dfrac{\partial x}{\partial u}&\dfrac{\partial x}{\partial v}\\[4pt]\dfrac{\partial y}{\partial u}&\dfrac{\partial y}{\partial v}\end{pmatrix}$$

と書いて x,y の u,v に関する**ヤコビの行列式**または**ヤコビアン**という．

例 2 $z=f(x,y)$, $x=2u-3v$, $y=5u+v$ とすると、
$$x_u=2, \quad x_v=-3,$$
$$y_u=5, \quad y_v=1$$
であるから
$$\frac{\partial(x,y)}{\partial(u,v)}=\det\begin{pmatrix}2 & -3\\ 5 & 1\end{pmatrix}=17$$
である.

極座標 xy 平面の点 $P(x,y)$ が与えられたとき $r=\overline{OP}=\sqrt{x^2+y^2}$ とし
$$x=r\cos\theta, \quad y=r\sin\theta$$
とおく. 逆に $r(\geqq 0)$, θ を与えると点 P が決まる. このように r, θ を与えて P を定めることを極座標表示といい，(r,θ) を P の**極座標**という. P が原点でないとき θ を P の**偏角**という.

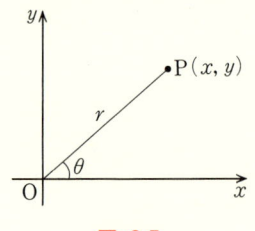

図 3.5

r, θ は $r>0$, $0\leqq\theta<2\pi$ と制限するとただ 1 組きまる. このとき
$$\frac{\partial x}{\partial r}=\cos\theta, \quad \frac{\partial x}{\partial\theta}=-r\sin\theta,$$
$$\frac{\partial y}{\partial r}=\sin\theta, \quad \frac{\partial y}{\partial\theta}=r\cos\theta$$
である. よって x, y の r, θ に関するヤコビアンは
$$\frac{\partial(x,y)}{\partial(r,\theta)}=\det\begin{pmatrix}\dfrac{\partial x}{\partial r} & \dfrac{\partial x}{\partial\theta}\\ \dfrac{\partial y}{\partial r} & \dfrac{\partial y}{\partial\theta}\end{pmatrix}=\det\begin{pmatrix}\cos\theta & -r\sin\theta\\ \sin\theta & r\cos\theta\end{pmatrix}=r$$
となる.

3.2 全微分可能性と合成関数の微分

例題 3.2.1 ──────────────── 極座標 ─

$z = f(x, y)$, $x = r\cos\theta$, $y = r\sin\theta$ のとき，つぎの関係式を示せ．

$$\left(\frac{\partial z}{\partial x}\right)^2 + \left(\frac{\partial z}{\partial y}\right)^2 = \left(\frac{\partial z}{\partial r}\right)^2 + \frac{1}{r^2}\left(\frac{\partial z}{\partial \theta}\right)^2$$

証明 x, y の r, θ に関する偏微分を用いると

$$\frac{\partial z}{\partial r} = \frac{\partial z}{\partial x}\frac{\partial x}{\partial r} + \frac{\partial z}{\partial y}\frac{\partial y}{\partial r}$$

$$= \frac{\partial z}{\partial x}\cos\theta + \frac{\partial z}{\partial y}\sin\theta,$$

$$\frac{\partial z}{\partial \theta} = \frac{\partial z}{\partial x}\frac{\partial x}{\partial \theta} + \frac{\partial z}{\partial y}\frac{\partial y}{\partial \theta}$$

$$= \frac{\partial z}{\partial x}(-r\sin\theta) + \frac{\partial z}{\partial y}(r\cos\theta).$$

よって

$$\left(\frac{\partial z}{\partial r}\right)^2 + \frac{1}{r^2}\left(\frac{\partial z}{\partial \theta}\right)^2$$

$$= \left(\frac{\partial z}{\partial x}\cos\theta + \frac{\partial z}{\partial y}\sin\theta\right)^2 + \left(-\frac{\partial z}{\partial x}\sin\theta + \frac{\partial z}{\partial y}\cos\theta\right)^2$$

$$= \left(\frac{\partial z}{\partial x}\right)^2 + \left(\frac{\partial z}{\partial y}\right)^2. \qquad \blacksquare$$

接平面 S を $z = f(x, y)$ で定義される曲面とし，S 上の一点 P を通る平面 π を考える．曲面上に P と異なる点 Q をとり，Q から π に下した垂線の足を H とする．平面 π が点 P における S の接平面であるとは，つぎの式が成り立つときにいう．

$$\lim_{Q \to P} \frac{\overline{QH}}{\overline{PQ}} = 0.$$

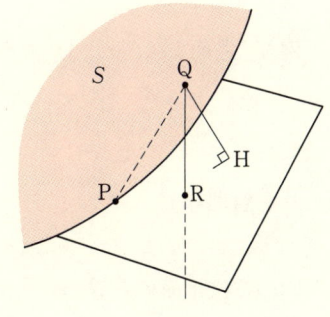

図 3.6

定理 3.2.5 ─────────────────────────────── 接平面 ─

関数 $f(x,y)$ が点 (a,b) で全微分可能であるならば，曲面 $S: z = f(x,y)$ 上の点 $\mathrm{P}(a,b,f(a,b))$ における S の接平面が存在し，つぎのように書ける．
$$z - f(a,b) = f_x(a,b)(x-a) + f_y(a,b)(y-b).$$

証明 $f(x,y)$ が点 (a,b) で全微分可能であると仮定する．このとき
$$\pi: z - f(a,b) = f_x(a,b)(x-a) + f_y(a,b)(y-b)$$
とおく．曲面上の点 $\mathrm{Q}(x,y,f(x,y))$ から π に下した垂線の足を H とし，さらに π 上に点 $\mathrm{R}(x,y,f(a,b)+f_x(a,b)(x-a)+f_y(a,b)(y-b))$ をとると（図 3.6 参照）

$$\begin{aligned}\overline{\mathrm{PQ}} &= \sqrt{(x-a)^2 + (y-b)^2 + (f(x,y)-f(a,b))^2} \\ &\geq \sqrt{(x-a)^2 + (y-b)^2},\end{aligned}$$

$$\overline{\mathrm{QH}} \leq \overline{\mathrm{QR}} = |f(x,y) - f(a,b) - f_x(a,b)(x-a) - f_y(a,b)(y-b)|$$

である．また $\mathrm{Q} \to \mathrm{P}$ ならば $(x,y) \to (a,b)$ であるから

$$\begin{aligned}\frac{\overline{\mathrm{QH}}}{\overline{\mathrm{PQ}}} &\leq \frac{|f(x,y) - f(a,b) - f_x(a,b)(x-a) - f_y(a,b)(y-b)|}{\sqrt{(x-a)^2 + (y-b)^2}} \\ &= \frac{o(\sqrt{(x-a)^2 + (y-b)^2})}{\sqrt{(x-a)^2 + (y-b)^2}} \to 0 \quad ((x,y) \to (a,b)).\end{aligned}$$

よって平面 π は P における $z = f(x,y)$ の接平面である． □

例3 曲面 $z = f(x,y) = 4x^2 y + xy^3$ 上の点 $(-1, 1, 3)$ における接平面は
$$\begin{aligned}z - 3 &= f_x(-1,1)(x+1) + f_y(-1,1)(y-1) \\ &= -7(x+1) + (y-1).\end{aligned}$$

これを整理して
$$z = -7x + y - 5$$
が求める接平面である．

3.2 全微分可能性と合成関数の微分

問題 3.2

1. つぎの関数の与えられた点における接平面の方程式を求めよ．

(1) $z = 3x^2y + xy$ $(1, -1, -4)$

(2) $z = \dfrac{x^2}{2^2} + \dfrac{y^2}{3^2}$ $(2, -3, 2)$

(3) $z = \dfrac{x}{x+y}$ $(-2, 1, 2)$

2. 合成関数の微分を用いて $\dfrac{dz}{dt}$ を求めよ．

(1) $z = xy^2 - x^2y$　　$x = t^2$　　$y = e^t$

(2) $z = \mathrm{Tan}^{-1} xy$　　$x = e^t + e^{-t}$　　$y = e^{2t}$

(3) $z = e^{x^2y}$　　$x = \cos t$　　$y = t^2$

3. 合成関数の微分を用いて z_u, z_v を求めよ．

(1) $z = xy^2 + x^2y$　　$x = u + v$　　$y = u - v$

(2) $z = \sin(x - y)$　　$x = u^2 + v^2$　　$y = 2uv$

4. $x = u\cos\alpha - v\sin\alpha$, $y = u\sin\alpha + v\cos\alpha$ (α は定数) とするとき $z = f(x, y)$ に対して，つぎの等式を示せ．
$$z_x^2 + z_y^2 = z_u^2 + z_v^2$$

5. $z = f(x, y)$, $u = x + y$, $v = x - y$ のとき，z_u, z_v を f_x, f_y を用いて表わせ．

6. つぎの変換のヤコビアン $\dfrac{\partial(x, y)}{\partial(u, v)}$ を求めよ．

(1) $x = au + bv$,　$y = cu + dv$

(2) $x = u + v$,　$y = uv$

(3) $x = uv$,　$y = u^2 - v^2$

3.3 高次の偏導関数とテーラーの定理

2次の偏導関数 関数 $z=f(x,y)$ の x に関する導関数 $z_x=\dfrac{\partial f}{\partial x}$ が y に関して偏微分可能なとき，$(z_x)_y$ を

$$z_{xy},\quad f_{xy}(x,y),\quad \dfrac{\partial^2 z}{\partial y\partial x},\quad \dfrac{\partial^2 f}{\partial y\partial x}$$

と書く．また f_x が x で偏微分可能なとき，$(f_x)_x$ を z_{xx}，$f_{xx}(x,y)$，$\dfrac{\partial^2 z}{\partial x^2}$，$\dfrac{\partial^2 f}{\partial x^2}$ と書く．f_{yx}，f_{yy} なども同様である．これらを2次の偏導関数という．

例1 $f(x,y)=x^5y^2$ とすると，$f_x(x,y)=5x^4y^2$ であるから
$$f_{xx}(x,y)=20x^3y^2,\quad f_{xy}(x,y)=10x^4y.$$

例2 $f(x,y)=x\sin xy^2$ とする．$f_x=\sin xy^2+xy^2\cos xy^2$，$f_y=2x^2y\cos xy^2$ であるから
$$f_{xy}=f_{yx}=4xy\cos xy^2-2x^2y^3\sin xy^2$$

高次の偏導関数 2次の偏導関数 f_{xx}，f_{xy}，$\cdots$ が，さらに偏微分可能であるとき3次の偏導関数 f_{xxx}，f_{xxy}，f_{xyx}，f_{xyy}，$\cdots$ が定義される．同様に x，y で n 回偏微分したものを n 次の偏導関数という．これらを総称して高次の偏導関数という．高次の偏導関数についても

$$f_{xyx}=\dfrac{\partial^3 f}{\partial x\partial y\partial x}$$

などと書くのも2次の場合と同様である．

例3 $f(x,y)=x^5y^2$ とすると
$$f_{xxy}(x,y)=40x^3y,\quad f_{xyy}(x,y)=10x^4,\quad f_{xyyy}(x,y)=0.$$

f_{xy} は f を x で偏微分し，つぎに y で偏微分する．一方 f_{yx} は f_y を x で偏微分したものである．よって一般には f_{xy} と f_{yx} とは等しいとは限らない．しかし，**f_{xy}，f_{yx} は連続ならば一致する**ことが知られているから，普通に用いる関数については $f_{xy}=f_{yx}$ と思って差し支えない．

3.3 高次の偏導関数とテーラーの定理

C^n 級の関数　$f(x, y)$ が n 回偏微分可能で，n 次以下の偏導関数はすべて連続なとき，$z = f(x, y)$ は C^n 級の関数であるという．

C^∞ 級の関数　関数 $f(x, y)$ が x，y に関して，どの順でも，何回でも偏微分可能であり，どの（高次の）偏導関数も連続であるとき C^∞ 級の関数であるという．$f(x, y)$ が C^∞ 級の関数ならば，高次の導関数は x，y で各々何回ずつ偏微分するかで決まり，x と y で偏微分する順序にはよらない．このようなときには，例えば

$$\frac{\partial^5 f}{\partial x \partial y \partial y \partial x \partial y} = \frac{\partial^5 f}{\partial x^2 \partial y^3}$$

などと書く．

以下，命題では関数に C^n 級の関数などと条件をつけるが，応用上はたいてい C^∞ 級の関数なので，条件には神経質になる必要はない．

偏微分作用素　a, b が定数のとき，関数に作用する偏微分作用素 $a\dfrac{\partial}{\partial x} + b\dfrac{\partial}{\partial y}$ を

$$\left(a\frac{\partial}{\partial x} + b\frac{\partial}{\partial y}\right) f(x, y) = a\frac{\partial f}{\partial x}(x, y) + b\frac{\partial f}{\partial y}(x, y)$$

と定義する．

例4　$\left(2\dfrac{\partial}{\partial x} + 3\dfrac{\partial}{\partial y}\right) x^2 y = 4xy + 3x^2$.

つぎの例は，2 変数のテーラーの定理への準備である．

例5　関数 $f(x, y)$ において $x = a + ht$, $y = b + kt$ とおいて，t で微分すると

$$\frac{d}{dt} f(a + ht, b + kt) = h f_x(a + ht, b + kt) + k f_y(a + ht, b + kt)$$

$$= \left(h\frac{\partial}{\partial x} + k\frac{\partial}{\partial y}\right) f(a + ht, b + kt).$$

また $f(x, y)$ が C^n 級の関数ならば，これを繰り返して $j \leq n$ ならば

$$\frac{d^j}{dt^j} f(a + ht, b + kt) = \left(h\frac{\partial}{\partial x} + k\frac{\partial}{\partial y}\right)^j f(a + ht, b + kt)$$

である．

定理 3.3.1 ───────── **2変数のテーラーの定理** ─

$f(x, y)$ が開領域 D で C^n 級の関数で (a, b), $(a+h, b+k) \in D$ とする. (a, b) と $(a+h, b+k)$ を結ぶ線分が D に含まれるならば

$$f(a+h, b+k) = \sum_{j=0}^{n-1} \frac{1}{j!} \left(h\frac{\partial}{\partial x} + k\frac{\partial}{\partial y} \right)^j f(a, b)$$

$$\frac{1}{n!} \left(h\frac{\partial}{\partial x} + k\frac{\partial}{\partial y} \right)^n f(a+\theta h, b+\theta k)$$

となる $\theta \, (0 < \theta < 1)$ が存在する.

証明 $g(t) = f(a+ht, b+kt)$ に 1 変数のマクローリンの定理を用いると

(∗) $\qquad g(t) = \sum_{j=0}^{n-1} \frac{1}{j!} g^{(j)}(0) t^j + \frac{1}{n!} g^{(n)}(\theta t) t^n \qquad (0 < \theta < 1)$

であるが, 例5より

$$g^{(j)}(t) = \frac{d^j}{dt^j} f(a+ht, b+kt) = \left(h\frac{\partial}{\partial x} + k\frac{\partial}{\partial y} \right)^j f(a+ht, b+kt)$$

であるから $g^{(j)}(0) = \left(h\frac{\partial}{\partial x} + k\frac{\partial}{\partial y} \right)^j f(a, b)$ となる. また $g(1) = f(a+h, b+k)$ であるから, (∗) で $t=1$ とおいて定理を得る. ■

特に $(a, b) = (0, 0)$ のときは, **マクローリンの定理**ともいう.

例6 $n=1$ のときのテーラーの定理を, つぎのように書き, **2変数の平均値の定理**という.

$$f(a+h, b+k) - f(a, b)$$
$$= hf_x(a+\theta h, b+\theta k) + kf_y(a+\theta h, b+\theta k) \quad (0 < \theta < 1).$$

例7 $f(x, y) = e^{x+2y}$ に $n=2$ としてマクローリンの定理を適用すると

$$e^{h+2k} = 1 + h + 2k + \frac{1}{2}(h^2 + 4hk + 4k^2) e^{\theta h + 2\theta k}$$

である.

3.3 高次の偏導関数とテーラーの定理

多変数関数の極値　$z=f(x,y)$ が点 $\mathrm{P}(a,b)$ で極大値 $f(a,b)$ をとるとは，$f(x,y)$ が点 P の近くでは P での値が P 以外の点での値より大きいときにいう．すなわち，ε を小さく取るならば，P を中心とし半径が ε の円 D_ε において
$$f(a,b) > f(x,y), \quad ((x,y) \in D_\varepsilon, \quad (x,y) \neq (a,b))$$
が成り立つときにいう．極小値についても同様である．

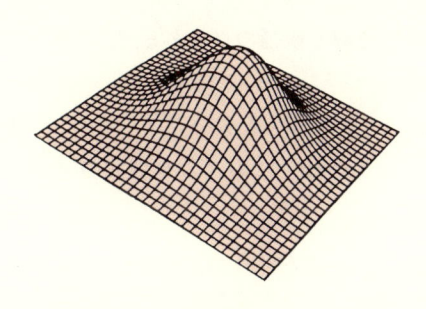

図 3.7

定理 3.3.2 ──────────────────── **極値をもつ必要条件**
　$f(x,y)$ が点 (a,b) で極値をとると $f_x(a,b) = f_y(a,b) = 0$.

証明　$f(x,y)$ が点 (a,b) で極値をとると，平面 $y=b$ での切口における x の関数 $f(x,b)$ は $x=a$ で極値をとるから $f_x(a,b)=0$ である．
同様に $f_y(a,b)=0$ もわかる． 　　　　　　　　　　　　　　　　　　　　終

つぎのように，2 次の偏微分を用いた判定もしめされる．

定理 3.3.3 ──────────────────────── **極値の判定**
　$f(x,y)$ はある開領域で C^2 級の関数で $f_x(a,b) = f_y(a,b) = 0$ であるとする．判別式 D を $\mathsf{D} = f_{xx}(a,b) f_{yy}(a,b) - f_{xy}(a,b)^2$ と定義する．
(1)　$\mathsf{D} > 0$ とする．$f_{xx}(a,b) > 0$ ならば $f(x,y)$ は，
　　　　　　　　　　　　　　　　　　　　　　　点 (a,b) で極小値をとる．
　　　　　　$f_{xx}(a,b) < 0$ ならば $f(x,y)$ は，
　　　　　　　　　　　　　　　　　　　　　　　点 (a,b) で極大値をとる．
(2)　$\mathsf{D} < 0$ ならば $f(x,y)$ は点 (a,b) で極値をとらない．

---- 例題 3.3.1 ──────────────────────── 極値を求める ──

$f(x, y) = 1 - 2x^2 - xy - y^2 + 2x - 3y$ の極大値,極小値を求めよ.

証明 $f(x, y)$ が点 (a, b) で極値をもつとすると,$f_x(a, b) = 0$,$f_y(a, b) = 0$ をみたす.したがって,連立 1 次方程式

$$\begin{cases} f_x(x, y) = -4x - y + 2 = 0, \\ f_y(x, y) = -x - 2y - 3 = 0 \end{cases}$$

の解が,$f(x, y)$ が極値を取る候補の点である.この連立 1 次方程式を解くと

$$x = 1, \quad y = -2$$

である.よって $f(x, y)$ が極値を取るならば,それは $(1, -2)$ においてでなければならない.点 $(1, -2)$ における判別式 D を調べる.f_{xx},f_{xy},f_{yy} を求めると

$$f_{xx}(x, y) = -4, \quad f_{xy}(x, y) = -1, \quad f_{yy}(x, y) = -2$$

である.よって

$$\mathsf{D} = f_{xx}(1, -2) f_{yy}(1, -2) - f_{xy}(1, -2)^2 = 7 > 0$$

であり,$f_{xx}(1, -2) = -4 < 0$ となるから

f は点 $(1, -2)$ で極大値 $f(1, -2) = 5$ をとる. □

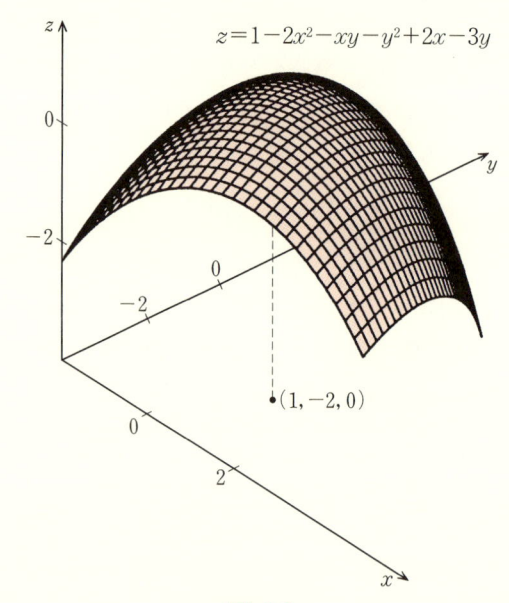

図 3.8

3.3 高次の偏導関数とテーラーの定理

陰関数 x, y に $f(x, y) = 0$ という関係があるとき，局所的には y は x の関数と考えられることが多い．x の開区間で定義された関数 $y = \varphi(x)$ が $f(x, \varphi(x)) = 0$ をみたすとき，$y = \varphi(x)$ を $f(x, y) = 0$ で定義された陰関数という．

定理 3.3.4 ──────────────────── **陰関数の定理** ──

$f(x, y)$ が C^1 級の関数で $f(a, b) = 0$, $f_y(a, b) \neq 0$ ならば a を含む開区間で定義された $f(x, y) = 0$ の陰関数 $y = \varphi(x)$ で $\varphi(a) = b$ となるものが存在する．$y = \varphi(x)$ は微分可能で，つぎの式が成り立つ．
$$\varphi'(x) = -\frac{f_x(x, \varphi(x))}{f_y(x, \varphi(x))}, \quad \text{すなわち} \quad \frac{dy}{dx} = -\frac{f_x(x, y)}{f_y(x, y)}.$$

つぎのように，陰関数の定理は $f_x(x, y)$, $f_y(x, y)$ の値を計算するのにも用いられる．

例題 3.3.2 ──────────────── **陰関数の微分と接線の方程式** ──

$f(x, y) = x^3 + 3xy + 4xy^2 + y^2 + y - 2 = 0$ 上の点 $(1, -1)$ における接線の方程式を求めよ．

証明 $f(x, y)$ について
$$f_y(x, y) = 3x + 8xy + 2y + 1,$$
$$f_y(1, -1) = -6 \neq 0$$
であるから，$f(x, y) = 0$ は点 $(1, -1)$ の近くで $y = \varphi(x)$ の形の陰関数をもつ．また $f_x(x, y) = 3x^2 + 3y + 4y^2$ であるから
$$\varphi'(1) = -\frac{f_x(1, -1)}{f_y(1, -1)}$$
$$= -\frac{4}{-6} = \frac{2}{3}$$
となるので，求める接線は $y + 1 = \frac{2}{3}(x - 1)$，すなわち
$$2x - 3y = 5$$
が求める方程式である． ■

問題 3.3

1. つぎの問いに答えよ（f は C^2 級であるとする）．
   (1) $\left(2\dfrac{\partial}{\partial x}+3\dfrac{\partial}{\partial y}\right)^2 f(x,y)$ を f_{xx}, f_{xy}, f_{yy} を用いて表わせ．
   (2) $f(x,y)=e^{2x+y}$ のとき，$\left(2\dfrac{\partial}{\partial x}+3\dfrac{\partial}{\partial y}\right)^2 f(0,0)$ を求めよ．

2. つぎの関数の 2 次の偏導関数をすべて求めよ．
   (1) $z=x^3 y+xy^2$
   (2) $z=x\sin xy$
   (3) $z=\mathrm{Tan}^{-1}xy$

3. 微分作用素 $\Delta=\dfrac{\partial^2}{\partial x^2}+\dfrac{\partial^2}{\partial y^2}$ を **ラプラシアン** という．つぎの関数にラプラシアン Δ を作用させよ．
   (1) $z=\log(x^2+y^2)$
   (2) $z=\dfrac{x}{x^2+y^2}$

4. $z=f(x,y)$, $x=r\cos\theta$, $y=r\sin\theta$ のとき，つぎの関係式を示せ．
$$z_{xx}+z_{yy}=z_{rr}+\dfrac{1}{r}z_r+\dfrac{1}{r^2}z_{\theta\theta}$$

5. つぎの関数は与えられた点で極値を取るかどうか調べよ．
   (1) e^{x+y} $\mathrm{P}(0,0)$
   (2) $x^2+y^2+y^3$ $\mathrm{P}(0,0)$
   (3) x^2+xy+y^2 $\mathrm{P}(0,0)$

6. つぎの関数の極値を求めよ．
   (1) $f(x,y)=x^2+xy+2y^2-4y$
   (2) $f(x,y)=x^3+2xy-x-2y$
   (3) $f(x,y)=x^3+y^3+x^2+2xy+y^2$

4 積 分 法

1変数の積分には，微分の逆の演算である不定積分と，本質的には面積の計算である定積分がある．この2つは互いに深く関係している．本書では，定積分を面積として定義し，不定積分と定積分を平行して扱う．

4.1 定積分と不定積分

不定積分　関数 $F(x)$ が微分可能で $\dfrac{d}{dx}F(x)=f(x)$ のとき，$F(x)$ を $f(x)$ の不定積分，あるいは**原始関数**といい

$$F(x)=\int f(x)\,dx$$

と書く．この $f(x)$ をこの不定積分の**被積分関数**という．

関数の和の積分　$F(x)$ が $f(x)$ の不定積分で，c が定数のとき

$$\frac{d}{dx}(F(x)+c)=f(x)$$

であるから，$F(x)+c$ も $f(x)$ の不定積分である．

例1　$F(x)=\sin x+3,\ f(x)=\cos x$ とすると
$$F'(x)=f(x)$$
となるから，$F(x)$ は $f(x)$ の不定積分である．

積分定数　$f(x)$ が，ある区間で定義された関数で，$F(x)$，$G(x)$ がともに $f(x)$ の不定積分ならば，$G(x)=F(x)+c$ となる定数 c が存在する．そのような定数 c を積分定数という．

例2　$\int \cos x \, dx = \sin x$．もし積分定数を書くならば

$$\int \cos x \, dx = \sin x + c \quad (c：定数)．$$

以下，不定積分の計算においては，積分定数は省略する．

定積分　$f(x)$ は閉区間 $[a,b]$ で連続な関数とする．曲線 $y=f(x)$ と直線 $x=a$，$x=b$ それと x 軸で囲まれた部分の面積を，x 軸より上の部分は正，x 軸より下の部分は負として加えたものを

$$\int_a^b f(x)\,dx$$

と書き（図 4.1），$f(x)$ の区間 $[a,b]$ における定積分という．定積分 $\int_a^b f(x)\,dx$ において $f(x)$ を**被積分関数**という．

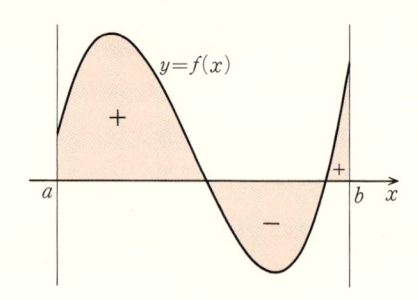

図 4.1

また $a<b$ のとき

$$\int_b^a f(x)\,dx = -\int_a^b f(x)\,dx$$

と定義する．$f(x)$ が閉区間 $[a,b]$ で連続とする．$a<c<b$ に c をとると，定義によりつぎの式が成り立つ．

(*)　　　$\int_a^b f(x)\,dx = \int_a^c f(x)\,dx + \int_c^b f(x)\,dx.$

4.1 定積分と不定積分

定理 4.1.1 ――――――――――――――― **定積分と不定積分** ――

$f(x)$ が区間で連続な関数とする．区間の点 a, x に対して
$$F(x) = \int_a^x f(t)\,dt$$
とおくと，$F(x)$ は $f(x)$ の不定積分である．すなわち
$$\frac{dF(x)}{dx} = f(x).$$

証明 $a < x$ とする（$a > x$ の場合も同様である）．定義により
$$\frac{dF(x)}{dx} = \lim_{h \to 0} \frac{F(x+h) - F(x)}{h}$$
である．前頁の（＊）より（図は次頁の図 4.2）
$$F(x+h) - F(x) = \int_x^{x+h} f(t)\,dt$$
であるから，$h > 0$ ならば
$$mh \leqq F(x+h) - F(x) \leqq Mh$$
が成り立つ（$h < 0$ ならば不等号は逆向き）．ここで
$$M = \max\{f(t) \mid x \leqq t \leqq x+h\},$$
$$m = \min\{f(t) \mid x \leqq t \leqq x+h\}$$
である．この不等式の両辺を h で割って（$h < 0$ の場合も含めて）
$$m \leqq \frac{F(x+h) - F(x)}{h} \leqq M$$
が成り立つことがわかる．$h \to 0$ とすると $m, M \to f(x)$ であるから
$$\frac{dF(x)}{dx} = \lim_{h \to 0} \frac{F(x+h) - F(x)}{h} = f(x)$$
が成り立つことがわかる． ■

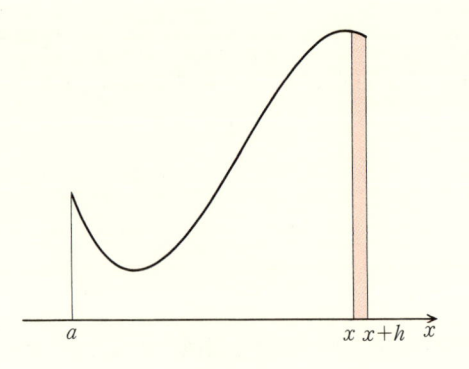

図 4.2

定理 4.1.2 ─────────────── 関数の和，定数倍の定積分 ─

$f(x)$, $g(x)$ が閉区間 $[a, b]$ で連続，k が実数ならば

(1) $\int_a^b \{f(x) \pm g(x)\} dx = \int_a^b f(x)\,dx \pm \int_a^b g(x)\,dx$.

(2) $\int_a^b kf(x)\,dx = k\int_a^b f(x)\,dx$.

証明 (1) の＋の場合のみ示す．残りの場合も同様である．

$$F(x) = \int_a^x \{f(t) + g(t)\} dt,$$

$$G(x) = \int_a^x f(t)\,dt + \int_a^x g(t)\,dt$$

とおくと

$$\frac{dG(x)}{dx} = f(x) + g(x) = \frac{dF(x)}{dx}.$$

よって，$G(x) = F(x) + c$ （c：定数）である．特に $x = a$ とすると $F(a) = G(a) = 0$ であるから，$c = 0$ がわかる．したがって

$$\int_a^b \{f(x) + g(x)\} dx = F(b) = G(b)$$

$$= \int_a^b f(x)\,dx + \int_a^b g(x)\,dx. \qquad \blacksquare$$

4.1 定積分と不定積分

定理 4.1.1 では，連続関数 $f(x)$ の定積分において端点を変数と見なすと $f(x)$ の不定積分であることを示した．逆に定積分は，不定積分がわかれば計算される．これを示すために，関数 $F(x)$ に対して，つぎのようにおく．

$$\Big[F(x)\Big]_a^b = F(b) - F(a).$$

定理 4.1.3 ────────────────── 定積分の計算

$f(x)$ が $[a,b]$ で連続とする．$f(x)$ の $[a,b]$ における不定積分（の1つ）を $F(x)$ とすると

$$\int_a^b f(x)\,dx = \Big[F(x)\Big]_a^b.$$

証明 $G(x) = \int_a^x f(t)\,dt$ とおく．$F(x)$，$G(x)$ はともに $f(x)$ の不定積分であるから

$$G(x) = F(x) + c \quad (c:\text{定数})$$

で，x に a を代入すると $c = -F(a)$ である．よって

$$\int_a^b f(x)\,dx = G(b) = F(b) + c$$
$$= F(b) - F(a) = \Big[F(x)\Big]_a^b$$

が成り立つ． □

例3 $f(x) = \cos x$ とおく．$F(x) = \sin x$ とすると，$F'(x) = \cos x = f(x)$ であるから $F(x)$ は $f(x)$ の不定積分である．したがって

$$\int_0^{\pi/2} \cos x\,dx = \Big[\sin x\Big]_0^{\pi/2} = \sin(\pi/2) - \sin 0 = 1.$$

例4 $\int_0^1 x^5\,dx = \Big[\dfrac{1}{6}x^6\Big]_0^1 = \dfrac{1}{6}.$

不定積分を計算するのに，つぎの部分積分法，置換積分法は有効である．

定理 4.1.4 ────────────────── **置換積分法，部分積分法** ──

(1) $\displaystyle\int f(x)\,dx = \int f(x(t))\,x'(t)\,dt, \quad x = x(t)$ （置換積分法）．

(2) $G(x) = \displaystyle\int g(x)\,dx$ とおくと

$\displaystyle\int f(x)g(x)\,dx = f(x)G(x) - \int f'(x)G(x)\,dx$ （部分積分法）．

証明 (1) $x = x(t)$ を代入し，両辺を t の関数とみて微分すると

$$\frac{d}{dt}\int f(x)\,dx = \left(\frac{d}{dx}\int f(x)\,dx\right)\frac{dx}{dt}$$

$$= f(x(t))\,x'(t) = \frac{d}{dt}\int f(x(t))\,x'(t)\,dt.$$

よって，(1) の両辺は差をとれば定数，すなわち不定積分として一致する．

(2) も同様に，両辺を x で微分したとき等しくなることを示せばよい．

終

例5 （置換積分法）$\displaystyle\int \cos ax\,dx\ (a \neq 0)$ を $\cos x$ の不定積分から導く．

$$\int \cos ax\,dx = \int (\cos t)\frac{dx}{dt}\,dt = \frac{1}{a}\int \cos t\,dt \quad \left(x = \frac{t}{a}, \frac{dx}{dt} = \frac{1}{a}\right)$$

$$= \frac{1}{a}\sin t = \frac{1}{a}\sin ax.$$

置換積分法を応用するとき，形式的に

$$dx = \frac{dx}{dt}\,dt$$

と書くと覚えやすい．また置換積分法は応用上は定理 4.1.4(1) において，右辺を左辺に変形することも多い．

4.1 定積分と不定積分

例 6 $\displaystyle\int \sin^2 x \cos x\, dx = \int u^2 \frac{du}{dx} dx \quad \left(u = \sin x,\ \frac{du}{dx} = \cos x\right)$

$\displaystyle\qquad\qquad\qquad = \int u^2 du = \frac{1}{3} u^3 = \frac{1}{3} \sin^3 x.$

例 7 $\displaystyle\int \frac{f'(x)}{f(x)} dx = \log|f(x)|$ であることを示そう．実際，$u = f(x)$ とおくと $\dfrac{du}{dx} = f'(x)$ だから

$$\int \frac{f'(x)}{f(x)} dx = \int \frac{1}{u} \frac{du}{dx} dx = \int \frac{1}{u} du$$
$$= \log|u| = \log|f(x)|.$$

例 8 （部分積分法）定理 4.1.4(2) において $f(x) = \log x$，$g(x) = 1$ とすると

$$\int \log x\, dx = x \log x - \int \frac{1}{x} x\, dx$$
$$= x \log x - \int dx = x \log x - x.$$

恒等的に 1 である関数の積分は，普通 1 を省略して書く．すなわち

$$\int dx = \int 1 dx, \qquad \int_a^b dx = \int_a^b 1 dx$$

となる．定積分は不定積分が求まれば計算できるから，置換積分法，部分積分法は直ちに定積分にも応用される．

定理 4.1.5　　　　　　　　　　　　　　　**置換積分法（定積分）**

変数 t の閉区間 $[\alpha, \beta]$ が $x = x(t)$ によって，x の区間に写され
$$x(\alpha) = a, \qquad x(\beta) = b$$
であるとすると，元の x の空間で定義された関数 $f(x)$ に対して
$$\int_a^b f(x)\, dx = \int_\alpha^\beta f(x(t)) x'(t)\, dt$$
が成り立つ．

例 9 $\int_0^{\pi/2} \cos^2 x \sin x \, dx$ を求めよう．$t = \cos x$ とおく（置換する）と

$$\int_0^{\pi/2} \cos^2 x \sin x \, dx = \int_1^0 (-t^2) \, dt = \left[-\frac{1}{3} t^3 \right]_1^0 = \frac{1}{3}$$

がわかる．ここで，$t = \cos x$ を x に関して解いた関数 $x = \mathrm{Cos}^{-1} t$ が定理における t の関数である．

定理 4.1.6 ──────────────── 部分積分法（定積分）──

$\int g(x) \, dx = G(x)$ とすると

$$\int_a^b f(x) g(x) \, dx = \Big[f(x) G(x) \Big]_a^b - \int_a^b f'(x) G(x) \, dx.$$

例 10
$$\int_0^1 x e^{2x} dx = \left[\frac{1}{2} x e^{2x} \right]_0^1 - \int_0^1 \frac{1}{2} e^{2x} dx \qquad (f = x, \, g = e^{2x})$$
$$= \frac{1}{2} e^2 - \left[\frac{1}{4} e^{2x} \right]_0^1$$
$$= \frac{1}{2} e^2 - \frac{1}{4} e^2 + \frac{1}{4} = \frac{1}{4} e^2 + \frac{1}{4}.$$

例 11 部分積分法の $f(x)$ として e^x，$g(x)$ として $\sin x$ をとると
$$\int_0^2 e^x \sin x \, dx = \Big[-e^x \cos x \Big]_0^2 + \int_0^2 e^x \cos x \, dx$$
$$= \Big[-e^x \cos x \Big]_0^2 + \Big[e^x \sin x \Big]_0^2 - \int_0^2 e^x \sin x \, dx.$$

よって
$$\int_0^2 e^x \sin x \, dx = \frac{1}{2} \Big(\Big[-e^x \cos x \Big]_0^2 + \Big[e^x \sin x \Big]_0^2 \Big)$$
$$= \frac{1}{2} e^2 (\sin 2 - \cos 2) + \frac{1}{2}$$

が示される．

4.1 定積分と不定積分

定積分の表示　$f(x)$ が連続関数のとき，閉区間 $[a, b]$ の分割を $a=x_0<x_1<\cdots<x_n=b$ とし，$\Delta=\max_i\{x_i-x_{i-1}\}$ とおく．任意に c_i を $x_{i-1}\leqq c_i<x_i$ と取ると

$$\int_a^b f(x)\,dx = \lim_{\Delta\to 0}\sum_{i=1}^n f(c_i)(x_i-x_{i-1})$$

が成り立つ．

基本的な不定積分

$\displaystyle\int x^a\,dx = \frac{1}{a+1}x^{a+1} \quad (a\neq -1)$

$\displaystyle\int \frac{1}{x}\,dx = \log|x|$

$\displaystyle\int \frac{dx}{\sqrt{a^2-x^2}} = \mathrm{Sin}^{-1}\frac{x}{|a|}$

$\displaystyle\int \frac{dx}{\sqrt{x^2+a}} = \log|x+\sqrt{x^2+a}|$

$\displaystyle\int \sqrt{a^2-x^2}\,dx = \frac{1}{2}\left(x\sqrt{a^2-x^2}+a^2\mathrm{Sin}^{-1}\frac{x}{|a|}\right)$

$\displaystyle\int \sqrt{x^2+a}\,dx = \frac{1}{2}(x\sqrt{x^2+a}+a\log|x+\sqrt{x^2+a}|)$

$\displaystyle\int \frac{dx}{a^2+x^2} = \frac{1}{a}\mathrm{Tan}^{-1}\frac{x}{a}$

$\displaystyle\int a^x\,dx = \frac{1}{\log a}a^x \quad (a>0,\,a\neq 1)$

$\displaystyle\int \log x\,dx = x\log x - x$

$\displaystyle\int \sin x\,dx = -\cos x$

$\displaystyle\int \cos x\,dx = \sin x$

$\displaystyle\int \frac{dx}{\cos^2 x} = \tan x$

問題 4.1

1. つぎの不定積分を求めよ．

   (1) $\displaystyle\int\frac{dx}{e^x+e^{-x}}$

   (2) $\displaystyle\int\frac{dx}{x\log x}$

   (3) $\displaystyle\int\frac{dx}{\sqrt{1+3x}}$

   (4) $\displaystyle\int x\sqrt{1-x^2}\,dx$

   (5) $\displaystyle\int\frac{x}{(1+x^2)^3}\,dx$

   (6) $\displaystyle\int\frac{dx}{x^2+2x+2}$

   (7) $\displaystyle\int\frac{\sin x}{\cos^3 x}\,dx$

   (8) $\displaystyle\int \mathrm{Sin}^{-1} x \, dx$

2. つぎの定積分の値を求めよ．

   (1) $\displaystyle\int_0^2 x^2 e^{2x}\,dx$

   (2) $\displaystyle\int_0^{a/2}\frac{dx}{\sqrt{a^2-x^2}}$

   (3) $\displaystyle\int_0^{\pi/4}\cos^3 x\,dx$

   (4) $\displaystyle\int_0^{\sqrt{3}}\frac{1+x}{1+x^2}\,dx$

3. $f(x)$ が連続であるとき，つぎの関数の微分を f を用いて表わせ．

   (1) $\displaystyle\frac{d}{dx}\int_{-x}^{x+1} f(2t)\,dt$

   (2) $\displaystyle\frac{d}{dx}\int_x^{2x} t\,f(t^2)\,dt$

4.2 積分の計算

この節では,特別な形の関数に限って,その積分の計算方法を説明する.

有理式の積分　有理式 $f(x)$ $\left(\text{すなわち}\dfrac{x\text{ の多項式}}{x\text{ の多項式}}\right)$ の不定積分を計算するには,$f(x)$ をつぎの形の式の和に分解することにより(この分解を有理式の部分分数展開という),これらの関数の積分に帰着される.

(ⅰ) 多項式,　　　(ⅱ) $\dfrac{a}{(x+b)^m}$,

(ⅲ) $\dfrac{ax+b}{(x^2+cx+d)^n}$　($x^2+cx+d=0$ の判別式は負).

部分分数展開を求めるのには,普通は未定係数法を用いる.一般的に示すのはわかりづらいから例で示す.

例 1　$\dfrac{5x-4}{2x^2+x-6}$ を部分分数展開する.

$$\frac{5x-4}{2x^2+x-6}=\frac{a}{2x-3}+\frac{b}{x+2}$$

とおき,右辺を整理すると

$$\frac{5x-4}{2x^2+x-6}=\frac{(a+2b)x+(2a-3b)}{2x^2+x-6}.$$

両辺を比べると,$a+2b=5$, $2a-3b=-4$. これを解いて,$a=1$, $b=2$.

例 2　$\displaystyle\int\frac{5x-4}{2x^2+x-6}dx=\int\left(\frac{1}{2x-3}+\frac{2}{x+2}\right)dx$

$\qquad\qquad =\dfrac{1}{2}\log|2x-3|+2\log|x+2|.$

例 3　$\displaystyle\int\frac{x+2}{x^2+2x+2}dx=\int\frac{x+2}{(x+1)^2+1}dx=\int\frac{u+1}{u^2+1}du$　$(u=x+1)$

$\qquad\qquad =\displaystyle\int\frac{u}{u^2+1}du+\int\frac{1}{u^2+1}du$

$\qquad\qquad =\dfrac{1}{2}\log(u^2+1)+\mathrm{Tan}^{-1}u$

$\qquad\qquad =\dfrac{1}{2}\log(x^2+2x+2)+\mathrm{Tan}^{-1}(x+1).$

上の(ⅲ)の $n\geqq 2$ の場合は,漸化式を用いて計算できる.

無理関数を含む関数の積分　無理関数を含む積分は，一般には初等関数では表わすことができない．ここでは，無理関数として根号の中が1次式である場合について述べる．

$f(x)$ が x と $\sqrt[n]{ax+b}$ ($a \neq 0$) の有理式のとき．このときには $t=\sqrt[n]{ax+b}$ とおくと

$$x = \frac{t^n - b}{a}, \qquad dx = \frac{n}{a} t^{n-1} dt$$

であるから，t の有理関数の積分になる．

例4　$\displaystyle\int \frac{dx}{x + 2\sqrt{x-1}}$ を計算する．$t = \sqrt{x-1}$ とおくと $x = t^2 + 1$, $dx = 2t\,dt$ であるから

$$\int \frac{dx}{x + 2\sqrt{x-1}} = \int \frac{2t\,dt}{(t+1)^2} \qquad (u = t+1)$$

$$= \int \frac{2(u-1)}{u^2} du = \int \left(\frac{2}{u} - \frac{2}{u^2} \right) du$$

$$= 2\log|u| + \frac{2}{u} = 2\log|t+1| + \frac{2}{t+1}$$

$$= 2\log(\sqrt{x-1}+1) + \frac{2}{\sqrt{x-1}+1}.$$

つぎの例では，根号の中が2次式である場合を考える．$a > 0$ のとき $\sqrt{ax^2+bx+c} = t - \sqrt{a}\,x$ とおけば t の有理式の積分に帰着される．例えば

例5　$\displaystyle\int \frac{dx}{\sqrt{x^2 - 1}}$ を計算する．このときには $\sqrt{x^2-1} = t - x$ とおくと

$$x = \frac{t^2 + 1}{2t}, \qquad dx = \frac{t^2 - 1}{2t^2} dt,$$

$$\sqrt{x^2 - 1} = t - x = \frac{t^2 - 1}{2t}$$

であるから

$$\int \frac{1}{\sqrt{x^2-1}} dx = \int \frac{2t}{t^2-1} \cdot \frac{t^2-1}{2t^2} dt$$

$$= \int \frac{1}{t} dt = \log|t| = \log|\sqrt{x^2-1} + x|$$

4.2 積分の計算

三角関数の有理式の積分　三角関数の有理式の積分は $u=\tan\dfrac{x}{2}$ とおくことにより，必ず u の有理式の積分になる．しかし，場合によっては $u=\sin x$, $u=\cos x$, $u=\tan x$ などとおいたほうが簡単なこともある．

$u=\tan\dfrac{x}{2}$ とおく．この両辺を u で微分すると

$$1 = \frac{1}{2}\frac{1}{\cos^2(x/2)}\frac{dx}{du}$$
$$= \frac{1}{2}\left(1+\tan^2\frac{x}{2}\right)\frac{dx}{du} = \frac{1}{2}(1+u^2)\frac{dx}{du}.$$

よって，$dx=\dfrac{2du}{1+u^2}$ である．また

$$\sin x = 2\sin\frac{x}{2}\cos\frac{x}{2} = 2\tan\frac{x}{2}\cos^2\frac{x}{2}$$
$$= \frac{2\tan(x/2)}{1+\tan^2(x/2)} = \frac{2u}{1+u^2},$$

$$\cos x = 2\cos^2\frac{x}{2}-1$$
$$= \frac{2}{1+\tan^2(x/2)}-1 = \frac{1-u^2}{1+u^2}.$$

以上をまとめると

$$\sin x = \frac{2u}{1+u^2}, \quad \cos x = \frac{1-u^2}{1+u^2}, \quad dx = \frac{2du}{1+u^2}.$$

これらを積分の式に代入すればよい．

例6
$$\int\frac{1+\sin x}{1+\cos x}dx = \int\frac{1+2u+u^2}{2}\frac{2du}{1+u^2} \quad \left(u=\tan\frac{x}{2}\right)$$
$$= \int\left(1+\frac{2u}{1+u^2}\right)du$$
$$= u + \log(1+u^2)$$
$$= \tan\frac{x}{2} + \log\left(1+\tan^2\frac{x}{2}\right).$$

積分の求め方は 1 通りではないことを見るため，つぎの例 7，例 8 で，$\int \dfrac{dx}{\sin x}$ を 2 通りに計算してみる．この場合は得られた答えは見かけが違うだけである（自分で確かめてみよ）．一般には，定数の差の違いは起こり得る．

例 7 $\displaystyle\int \dfrac{dx}{\sin x} = \int \dfrac{1+u^2}{2u}\dfrac{2du}{1+u^2} \quad \left(u=\tan\dfrac{x}{2}\right)$

$\qquad\qquad = \displaystyle\int \dfrac{du}{u} = \log|u| = \log\left|\tan\dfrac{x}{2}\right|.$

例 8 $\displaystyle\int \dfrac{dx}{\sin x} = \int \dfrac{\sin x}{\sin^2 x} dx = \int \dfrac{\sin x}{1-\cos^2 x} dx$

$\qquad\qquad = \displaystyle\int \dfrac{-du}{1-u^2} \quad (u=\cos x)$

$\qquad\qquad = \dfrac{1}{2}\displaystyle\int \left(\dfrac{1}{u-1} - \dfrac{1}{u+1}\right) du = \dfrac{1}{2}\log\left|\dfrac{u-1}{u+1}\right|$

$\qquad\qquad = \dfrac{1}{2}\log\left|\dfrac{\cos x - 1}{\cos x + 1}\right|.$

漸化式　自然数 n（普通は $n \geqq 0$）をパラメーターとする積分を $n-1$ 以下の場合の積分で表わし，最後には $n=0,\ 1$ などの場合に帰着する方法がある．

例 9　$I_n = \int \cos^n x\ dx$ の漸化式を求める．$n \geqq 2$ と仮定する．

$I_n = \displaystyle\int \cos^{n-1} x \cos x\ dx$

$\quad = \cos^{n-1} x \sin x + (n-1)\displaystyle\int \cos^{n-2} x \sin^2 x\ dx \quad$（部分積分法）

$\quad = \cos^{n-1} x \sin x + (n-1)\displaystyle\int \cos^{n-2} x (1-\cos^2 x)\ dx$

$\quad = \cos^{n-1} x \sin x + (n-1)(I_{n-2} - I_n).$

よって
$$I_n = \dfrac{1}{n}\cos^{n-1} x \sin x + \dfrac{n-1}{n} I_{n-2} \quad (n \geqq 2).$$

また $n=0,\ 1$ については $I_0 = \displaystyle\int dx = x,\ \ I_1 = \displaystyle\int \cos x\ dx = \sin x.$

4.2 積分の計算

例題 4.2.1

$$\int_0^{\pi/2} \cos^n x \, dx = \int_0^{\pi/2} \sin^n x \, dx = \begin{cases} \dfrac{(n-1)!!}{n!!} \dfrac{\pi}{2} & (n:\text{偶数}), \\ \dfrac{(n-1)!!}{n!!} & (n:\text{奇数}). \end{cases}$$

ただし

$$n!! = \begin{cases} n(n-2)(n-4)\cdots 2 & (n:\text{偶数}), \\ n(n-2)(n-4)\cdots 1 & (n:\text{奇数}), \end{cases}$$

$$0!! = (-1)!! = 1$$

と定義したものである.

解答 $J_n = \int_0^{\pi/2} \cos^n x \, dx$ とおく.例9を用いると,$n \geq 2$ のとき

$$\int_0^{\pi/2} \cos^n x \, dx = \frac{1}{n} \left[\cos^{n-1} x \sin x \right]_0^{\pi/2} + \frac{n-1}{n} \int_0^{\pi/2} \cos^{n-2} x \, dx.$$

よって,$J_n = \dfrac{n-1}{n} J_{n-2}$ ($n \geq 2$) であるから

$$J_n = \frac{n-1}{n} J_{n-2}$$
$$= \frac{n-1}{n} \frac{n-3}{n-2} J_{n-4}$$
$$= \frac{n-1}{n} \frac{n-3}{n-2} \frac{n-5}{n-4} J_{n-6} = \cdots$$

となり,J_n の計算は,n が偶数か奇数かに従って J_0 または J_1 に帰着される.

J_0 と J_1 については

$$J_0 = \int_0^{\pi/2} dx = \frac{\pi}{2},$$
$$J_1 = \int_0^{\pi/2} \cos x \, dx = \left[\sin x \right]_0^{\pi/2} = 1$$

である.よって,上の値を得る.

$\int_0^{\pi/2} \sin^n x \, dx$ の場合の計算もほとんど同様である. 終

問題 4.2

1. つぎの不定積分を求めよ．

    (1) $\displaystyle\int \frac{x^2}{x^2-x-6}\,dx$

    (2) $\displaystyle\int \frac{2}{(x-1)(x^2+1)}\,dx$

    (3) $\displaystyle\int \frac{x-1}{(2-x)^3}\,dx$

    (4) $\displaystyle\int \frac{dx}{x\sqrt{x+1}}$

    (5) $\displaystyle\int \frac{x\sqrt{x}}{1+\sqrt{x}}\,dx$

    (6) $\displaystyle\int \frac{dx}{1+\cos x}$

    (7) $\displaystyle\int \frac{dx}{2+\cos x}$

    (8) $\displaystyle\int \frac{1+\cos x}{(1+\sin x)^2}\,dx$

2. つぎの定積分の値を求めよ．

    (1) $\displaystyle\int_0^{\pi/2} \sin^5 x\,dx$

    (2) $\displaystyle\int_0^{\pi} \cos^6 x\,(1-\sin x)\,dx$

3. 自然数 m, n に対して，つぎの式が成り立つことを示せ．

    (1) $\displaystyle\int_{-\pi}^{\pi} \sin mx \cos nx\,dx = 0$

    (2) $\displaystyle\int_{-\pi}^{\pi} \sin mx \sin nx\,dx = \int_{-\pi}^{\pi} \cos mx \cos nx\,dx = \begin{cases} \pi & (m=n), \\ 0 & (m \neq n) \end{cases}$

4.3 広義積分

これまでの定積分は閉区間におけるもののみを扱った．この節では閉区間以外の区間において定積分を定義する．

広義積分　関数 $f(x)$ は区間 $[a, b)$ （b は実数または ∞）で連続な関数とする．$\displaystyle\lim_{\beta \to b-0}\int_a^\beta f(x)\,dx$ が収束するとき，$f(x)$ は区間 $[a, b)$ で **積分可能** といい（**積分が存在する，積分が収束する** ともいう）

$$\int_a^b f(x)\,dx = \lim_{\beta \to b-0}\int_a^\beta f(x)\,dx$$

と書く．

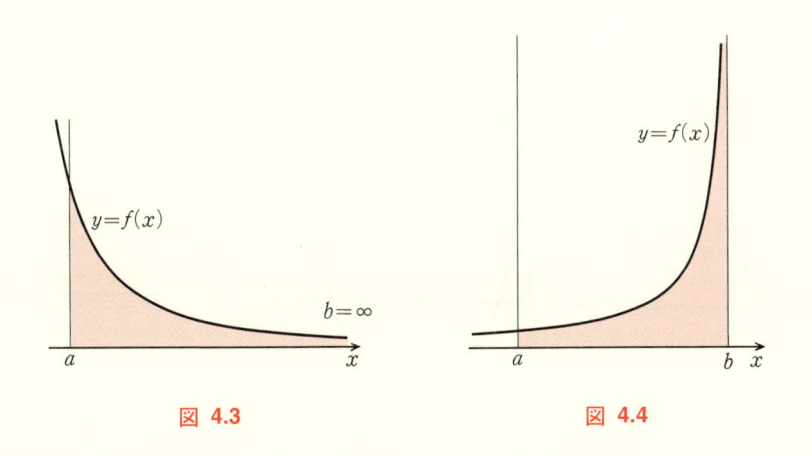

図 4.3

図 4.4

例 1
$$\begin{aligned}
\int_1^2 \frac{1}{\sqrt{2-x}}\,dx &= \lim_{\beta \to 2-0}\int_1^\beta \frac{1}{\sqrt{2-x}}\,dx \\
&= \lim_{\beta \to 2-0}\left[-2\sqrt{2-x}\right]_1^\beta \\
&= \lim_{\beta \to 2-0}(-2\sqrt{2-\beta}+2) = 2.
\end{aligned}$$

区間 $(a, b]$（a は実数または $-\infty$）における積分についてもまったく同様に極限を用いて定義される．このように閉区間以外に拡張された定積分を **広義積分**，または **広義の定積分** という．

例 2 　$\displaystyle\int_{-\infty}^{-1}\frac{1}{x^2}dx=\lim_{\alpha\to-\infty}\int_\alpha^{-1}\frac{1}{x^2}dx$

$\displaystyle\qquad\qquad=\lim_{\alpha\to-\infty}\left[-\frac{1}{x}\right]_\alpha^{-1}=\lim_{\alpha\to-\infty}\left(1+\frac{1}{\alpha}\right)=1.$

上の例に現われる，$\displaystyle\lim_{\alpha\to-\infty}\left[-\frac{1}{x}\right]_\alpha^{-1}$ などは，便宜的に $\displaystyle\left[-\frac{1}{x}\right]_{-\infty}^{-1}$ などと書く．

開区間における定積分　$f(x)$ が開区間 (a,b) で連続であるとき，$f(x)$ が (a,b) において積分可能であるとは，a と b の間に適当に点 c を取ったとき，$f(x)$ が区間 $(a,c]$ および $[c,b)$ のいずれにおいても積分可能であるときにいい

$$\int_a^b f(x)\,dx=\int_a^c f(x)\,dx+\int_c^b f(x)\,dx$$

とおく．この定義が c の取り方によらないことは明らかである．

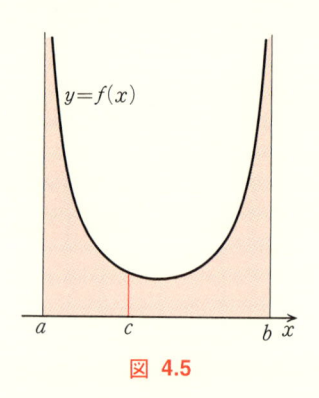

図 **4.5**

例 3 　$\displaystyle\int_{-1}^{1}\frac{1}{\sqrt{1-x^2}}\,dx=\int_{-1}^{0}\frac{1}{\sqrt{1-x^2}}\,dx+\int_{0}^{1}\frac{1}{\sqrt{1-x^2}}\,dx$

$\displaystyle\qquad\qquad=\left[\mathrm{Sin}^{-1}x\right]_{-1}^{0}+\left[\mathrm{Sin}^{-1}x\right]_{0}^{1}$

この右辺の 2 項はいずれも収束するから

$\displaystyle\qquad\qquad=\frac{\pi}{2}+\frac{\pi}{2}=\pi.$

4.3 広義積分

つぎの例は，広義積分の中でも特に基本的である．

例4 実数 a, b, k に対して
$$\int_a^b (b-x)^k dx = \int_a^b (x-a)^k dx$$
$$= \begin{cases} \dfrac{1}{k+1}(b-a)^{k+1} & (\text{収束}) \quad (k>-1), \\ \text{発散} & (k \leqq -1). \end{cases}$$

例5 k が実数のとき，正の数 a に対して
$$\int_a^\infty x^k dx = \begin{cases} \dfrac{-1}{k+1}a^{k+1} & (\text{収束}) \quad (k<-1), \\ \text{発散} & (k \geqq -1). \end{cases}$$

上の例に見るように，端点が有限（実数）である場合と無限遠点（∞）である場合とでは，積分が収束する k の範囲が逆になっていることを注意しておく．

例6 k が実数のとき，実数 a に対して
$$\int_a^\infty e^{kx} dx = \begin{cases} \dfrac{-1}{k}e^{ka} & (\text{収束}) \quad (k<0), \\ \text{発散} & (k \geqq 0). \end{cases}$$

例7 k が実数のとき，実数 a に対して
$$\int_{-\infty}^a e^{kx} dx = \begin{cases} \dfrac{1}{k}e^{ka} & (\text{収束}) \quad (k>0), \\ \text{発散} & (k \leqq 0). \end{cases}$$

広義積分の値は計算できなくても，積分が存在するかどうか知りたいことは大変多い．特にガンマ関数やベータ関数など広義積分によって定義される特殊関数も多い．それには，つぎに述べる優関数による評価（定理 4.3.1 の $g(x)$ を $f(x)$ の優関数という）が一般的である（証明は略）．比較するのは，上の例で扱った関数の積分である．ガンマ関数，ベータ関数については 5.5 節で述べる．

定理 4.3.1 ─────────────────── 広義積分の存在 ──

関数 $f(x)$ が区間 $[a, b]$ で連続であるとする．連続関数 $g(x)$ でつぎの（ⅰ）（ⅱ）をみたすものが存在すれば，$\int_a^b f(x)\,dx$ は存在する．

（ⅰ）$|f(x)| \leqq g(x)$，　（ⅱ）$\int_a^b g(x)\,dx$ は存在する．

例8　$I = \int_0^1 \dfrac{\sin x}{\sqrt{1-x}}\,dx$ は収束する．実際

$$\left|\frac{\sin x}{\sqrt{1-x}}\right| \leqq \frac{1}{\sqrt{1-x}}$$

であり，$\int_0^1 \dfrac{1}{\sqrt{1-x}}\,dx$ は収束するから（例4で $k = -\dfrac{1}{2} > -1$ である！），広義積分 I は収束する．

例9　$I = \int_0^1 \sin \dfrac{1}{x}\,dx$ は収束する．実際 $\left|\sin \dfrac{1}{x}\right| \leqq 1$ で，$\int_0^1 dx \,(=1)$ は収束するから，広義積分 I は収束する．

例10　$I = \int_1^\infty \dfrac{1}{x\sqrt{x-1}}\,dx$ は収束する．実際

$$\frac{1}{x\sqrt{x-1}} \leqq \begin{cases} \dfrac{1}{\sqrt{x-1}} & (1 \leqq x \leqq 2), \\ \dfrac{1}{(x-1)\sqrt{x-1}} & (x \geqq 2) \end{cases}$$

である．ここで

$$\int_1^2 \frac{1}{\sqrt{x-1}}\,dx \text{ は収束}\left(\text{例4で } k = -\frac{1}{2} > -1\right),$$

$$\int_2^\infty \frac{1}{(x-1)\sqrt{x-1}}\,dx = \int_1^\infty t^{-3/2}\,dt \qquad (t = x-1)$$

は収束（例5で $k = -\dfrac{3}{2} < -1$）となるので，広義積分 I は収束する．

4.3 広義積分

広義積分の発散の判定 積分が収束しないことをいうのには，つぎの定理を用いればよい．証明は明らかであろう．

定理 4.3.2 ────────────────────────── **広義積分の発散**

関数 $f(x)$ が区間 $[a, b)$ で連続であるとする．関数 $g(x)$ でつぎの (i), (ii) をみたすものが存在すれば，$\int_a^b f(x)\,dx$ は発散する．

（ⅰ）$0 \leq g(x) \leq f(x)$, （ⅱ）$\int_a^b g(x)\,dx$ は発散する．

例 11 $I = \int_2^\infty \dfrac{1}{\sqrt[3]{x(x-1)}}\,dx$ は発散する．実際

$$x^{-2/3} = \frac{1}{\sqrt[3]{x^2}} \leq \frac{1}{\sqrt[3]{x(x-1)}}$$

であり，$\int_2^\infty x^{-2/3}\,dx$ は発散するから（例 5 で $k = -\dfrac{2}{3} > -1$），I は発散する．

複数の不連続点を含む関数の積分 関数 $f(x)$ が区間 (a, b) で有限個の点 $c_1 < c_2 < \cdots < c_k$ を除いて連続であるとする．このとき積分

$$\int_a^b f(x)\,dx$$

が存在するとは，(a, b) を $c_1, c_2, \cdots, c_k$ で分割して得られる有限個の区間における広義積分が**すべて**収束するときにいい

$$\int_a^b f(x)\,dx = \int_a^{c_1} f(x)\,dx + \int_{c_1}^{c_2} f(x)\,dx + \cdots + \int_{c_k}^b f(x)\,dx$$

とおく．

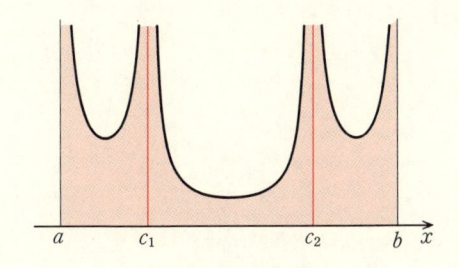

図 4.6

問題 4.3

1. つぎの広義積分の値を求めよ．

    (1) $\displaystyle\int_0^3 \dfrac{dx}{\sqrt{3-x}}$

    (2) $\displaystyle\int_0^{\pi/2} \dfrac{\cos x}{\sqrt{\sin x}}\,dx$

    (3) $\displaystyle\int_0^\infty xe^{-x}\,dx$

    (4) $\displaystyle\int_0^\infty xe^{-x^2}\,dx$

    (5) $\displaystyle\int_{-1}^1 \dfrac{dx}{\sqrt{|x|}}$

    (6) $\displaystyle\int_0^1 x\log x\,dx$

    (7) $\displaystyle\int_0^2 \dfrac{dx}{\sqrt{|x^2-1|}}$

2. つぎの広義積分は収束するか，発散するか調べよ．

    (1) $\displaystyle\int_0^1 \log x\,dx$

    (2) $\displaystyle\int_0^{\pi/2} \dfrac{dx}{\sin x}$

    (3) $\displaystyle\int_0^\infty e^{-x^2}\,dx$

    (4) $\displaystyle\int_0^1 \dfrac{dx}{\sqrt{x(1-x)}}$

    (5) $\displaystyle\int_{-\infty}^\infty \dfrac{dx}{\sqrt{x^4+1}}$

    (6) $\displaystyle\int_0^\infty \dfrac{dx}{\sqrt{x^2+1}}$

4.4 定積分の応用

曲線の長さ　どんな曲線にも長さはあると思いがちであるが，曲線の長さの存在もまた自明でない．始点を P，終点を Q とする曲線 C 上に図 4.7 のように点 $P=P_0, P_1, P_2, \cdots, P_n=Q$ をとる．線分 $P_{i-1}P_i$ の長さ $\overline{P_{i-1}P_i}$ の和

$$\sum_{i=1}^{n} \overline{P_{i-1}P_i}$$

が，C 上の点 P_i を増やしていったときにある極限値に収束するときに，C は長さをもつという．この極限値を C の長さといい，$l(C)$ と書く．

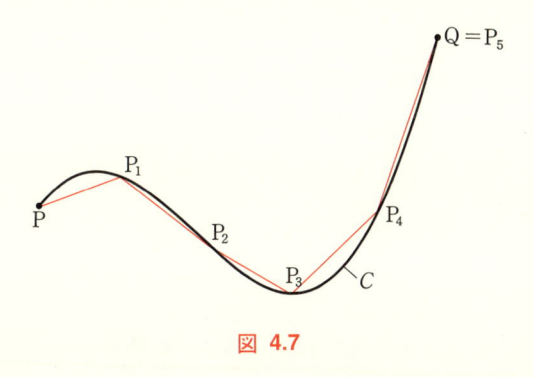

図 4.7

つぎの定理は $f'(x)$ が連続なとき，C^1 級の曲線 $y=f(x)$ は長さをもつことを示す．

定理 4.4.1　　　　　　　　　　　　　　　　　　　　　　　　曲線の長さ

$f(x)$ が微分可能で $f'(x)$ が連続ならば，(C^1 級の) 曲線 $C: y=f(x)$ $(a \leq x \leq b)$ は長さをもち

$$l(C) = \int_a^b \sqrt{1+f'(x)^2}\, dx.$$

証明 区間 $[a, b]$ の分割を
$$\Delta : a = x_0 < x_1 < x_2 < \cdots < x_{n-1} < x_n = b$$
とする．C 上に点
$$P_0(x_0, f(x_0)),\ P_1(x_1, f(x_1)),\ \cdots,\ P_n(x_n, f(x_n))$$
をとる．このとき
$$\sum_{i=1}^{n} \overline{P_{i-1}P_i} = \sum_{i=1}^{n} \sqrt{(x_i - x_{i-1})^2 + (f(x_i) - f(x_{i-1}))^2}$$
$$= \sum_{i=1}^{n} \sqrt{1 + \left(\frac{f(x_i) - f(x_{i-1})}{x_i - x_{i-1}}\right)^2} (x_i - x_{i-1})$$

であるが，平均値の定理により

$$= \sum_{i=1}^{n} \sqrt{1 + f'(c_i)^2} (x_i - x_{i-1}) \quad (x_{i-1} < c_i < x_i).$$

$f'(x)$ は連続であるから，この最後の式は $|\Delta| \to 0$ とするとき，$l(C) = \int_a^b \sqrt{1 + f'(x)^2}\, dx$ に収束する．よって，定理は証明された． ∎

例1 曲線 $C : y = \dfrac{x^2}{2} : (0 \leq x \leq 2)$ の長さを計算する（不定積分は 4.1 節の表参照 (p. 79)）．

$$l(C) = \int_0^2 \sqrt{1 + x^2}\, dx$$
$$= \frac{1}{2}\left[x\sqrt{x^2 + 1} + \log|x + \sqrt{x^2 + 1}| \right]_0^2$$
$$= \sqrt{5} + \frac{1}{2} \log(2 + \sqrt{5}).$$

上とほぼ同様の議論で，パラメーターで表示される曲線の長さも，つぎのように与えられる．

4.4 定積分の応用

定理 4.4.2 ─────────── **パラメーター表示される曲線の長さ** ─

曲線 $C: \begin{cases} x = x(t) \\ y = y(t) \end{cases}$ ($a \leq t \leq b$) の長さ $l(C)$ は，つぎのように与えられる．

$$l(C) = \int_a^b \sqrt{\left(\frac{dx}{dt}\right)^2 + \left(\frac{dy}{dt}\right)^2}\, dt.$$

例 2 (サイクロイド) 曲線 $C: x = a(t - \sin t)$, $y = a(1 - \cos t)$ ($a > 0$, $0 \leq t \leq 2\pi$) の長さを計算する (図 4.8)．

$$\begin{aligned}
l(C) &= a \int_0^{2\pi} \sqrt{(1 - \cos t)^2 + \sin^2 t}\, dt \\
&= a \int_0^{2\pi} \sqrt{2(1 - \cos t)}\, dt \\
&= a \int_0^{2\pi} \sqrt{4 \sin^2(t/2)}\, dt \\
&= 4a \int_0^{\pi} \sin u\, du \quad (t = 2u) \\
&= 4a \Big[-\cos u\Big]_0^{\pi} = 8a.
\end{aligned}$$

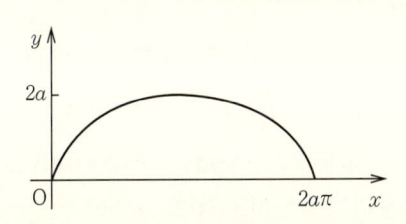

図 4.8 サイクロイド

問題 4.4

1. つぎの曲線の長さを求めよ．
   (1) $y = x^2$ $\quad (0 \leq x \leq 1)$
   (2) $y = \log x$ $\quad (1 \leq x \leq a)$
   (3) $y = \log \cos x$ $\quad \left(0 \leq x \leq \dfrac{\pi}{4}\right)$
   (4) $y = \dfrac{a}{2}(e^{\frac{x}{a}} + e^{-\frac{x}{a}})$ $\quad (0 \leq x \leq b,\ a > 0)$

2. つぎの曲線の長さを求めよ．
   (1) $\begin{cases} x = t\cos\left(\dfrac{1}{t}\right) \\ y = t\sin\left(\dfrac{1}{t}\right) \end{cases}$ $\quad (1 \leq t \leq 2)$
   (2) $\begin{cases} x = 3t^2 \\ y = 3t - t^3 \end{cases}$ $\quad (0 \leq t \leq 2)$

3. つぎの曲線と x 軸で囲まれる図形の面積を求めよ．
   (1) $\begin{cases} x = 1 + 2t \\ y = 2 - t - t^2 \end{cases}$
   (2) $\begin{cases} x = \sin t \\ y = t\cos t \end{cases}$ $\quad \left(0 \leq t \leq \dfrac{\pi}{2}\right)$

4. 曲線 C が $r = f(\theta)$ $(\alpha \leq \theta \leq \beta)$ と極座標表示されるとき，C の長さは
$$l(C) = \int_\alpha^\beta \sqrt{f(\theta)^2 + f'(\theta)^2}\, d\theta$$
で与えられることを示し，これを用いてつぎの曲線の長さを求めよ．
   (1) $r = a(1 + \cos\theta)$ $\quad (0 \leq \theta \leq 2\pi,\ a > 0)$
   (2) $r = a\theta$ $\quad (0 \leq \theta \leq a,\ a > 0)$

5. 曲線 $C: y = f(x)$ は原点 O を通り，O から C 上の点 $(a, f(a))$ $(a > 0)$ までの曲線の長さが $a^2 + a$ のとき，関数 $f(x)$ を求めよ．

4.4 定積分の応用

定理 4.4.2 ────────── パラメーター表示される曲線の長さ

曲線 $C:\begin{cases} x=x(t) \\ y=y(t) \end{cases}$ $(a\leq t\leq b)$ の長さ $l(C)$ は，つぎのように与えられる．

$$l(C)=\int_a^b \sqrt{\left(\frac{dx}{dt}\right)^2+\left(\frac{dy}{dt}\right)^2}\,dt.$$

例 2 （サイクロイド）曲線 $C:x=a(t-\sin t)$, $y=a(1-\cos t)$ $(a>0, 0\leq t\leq 2\pi)$ の長さを計算する（図 4.8）．

$$\begin{aligned}
l(C) &= a\int_0^{2\pi} \sqrt{(1-\cos t)^2+\sin^2 t}\,dt \\
&= a\int_0^{2\pi} \sqrt{2(1-\cos t)}\,dt \\
&= a\int_0^{2\pi} \sqrt{4\sin^2(t/2)}\,dt \\
&= 4a\int_0^{\pi} \sin u\,du \quad (t=2u) \\
&= 4a\Big[-\cos u\Big]_0^{\pi}=8a.
\end{aligned}$$

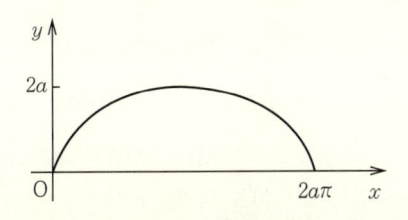

図 4.8 サイクロイド

問題 4.4

1. つぎの曲線の長さを求めよ．
   (1) $y = x^2$ $\quad (0 \leq x \leq 1)$
   (2) $y = \log x$ $\quad (1 \leq x \leq a)$
   (3) $y = \log \cos x$ $\quad \left(0 \leq x \leq \dfrac{\pi}{4}\right)$
   (4) $y = \dfrac{a}{2}(e^{\frac{x}{a}} + e^{-\frac{x}{a}})$ $\quad (0 \leq x \leq b,\ a > 0)$

2. つぎの曲線の長さを求めよ．
   (1) $\begin{cases} x = t \cos\left(\dfrac{1}{t}\right) \\ y = t \sin\left(\dfrac{1}{t}\right) \end{cases}$ $\quad (1 \leq t \leq 2)$
   (2) $\begin{cases} x = 3t^2 \\ y = 3t - t^3 \end{cases}$ $\quad (0 \leq t \leq 2)$

3. つぎの曲線と x 軸で囲まれる図形の面積を求めよ．
   (1) $\begin{cases} x = 1 + 2t \\ y = 2 - t - t^2 \end{cases}$
   (2) $\begin{cases} x = \sin t \\ y = t \cos t \end{cases}$ $\quad \left(0 \leq t \leq \dfrac{\pi}{2}\right)$

4. 曲線 C が $r = f(\theta)$ $(\alpha \leq \theta \leq \beta)$ と極座標表示されるとき，C の長さは
$$l(C) = \int_\alpha^\beta \sqrt{f(\theta)^2 + f'(\theta)^2}\, d\theta$$
で与えられることを示し，これを用いてつぎの曲線の長さを求めよ．
   (1) $r = a(1 + \cos \theta)$ $\quad (0 \leq \theta \leq 2\pi,\ a > 0)$
   (2) $r = a\theta$ $\quad (0 \leq \theta \leq a,\ a > 0)$

5. 曲線 $C : y = f(x)$ は原点 O を通り，O から C 上の点 $(a, f(a))$ $(a > 0)$ までの曲線の長さが $a^2 + a$ のとき，関数 $f(x)$ を求めよ．

5 重積分

多変数関数の定積分の定義は 1 変数の場合と本質的には変わらない．不定積分が存在しないので，積分の計算は 1 変数の場合に帰着して行なう．2 変数以上の関数の積分を**重積分**とか**多重積分**という．

5.1 重積分

長方形領域　2 次元の平面 $\mathbf{R}^2$ の，つぎのような部分集合 D を，長方形領域であるという．

$$D=\{(x,y)\in \mathbf{R}^2 \mid a\leq x\leq b,\ c\leq y\leq d\}.$$

D をこのような長方形領域であるとする．区間 $[a,b]$ を m 分割，$[c,d]$ を n 分割して，図 5.1 のように D を mn 個の小さな長方形に分割することを，長方形領域 D の**（長方形）分割**という．

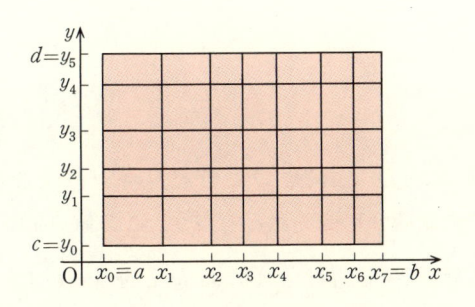

図 5.1

上の分割を $\varDelta$ と表すとき，$x_i-x_{i-1},\ y_j-y_{j-1}\ (1\leq i\leq m, 1\leq j\leq n)$ の最大値を分割 $\varDelta$ の**幅**といい $|\varDelta|$ と書く．

長方形領域における積分　長方形領域 D の長方形分割 Δ に対して，分割された小領域を Δ_{ij} と書く．$f(x,y)$ が有界な関数であるとき，D の長方形分割 Δ に対して，$S(f,\Delta)$, $s(f,\Delta)$ をつぎのように定義する．

(∗)
$$S(f,\Delta)=\sum_{j=1}^{n}\sum_{i=1}^{m}M_{ij}(x_i-x_{i-1})(y_j-y_{j-1}),$$
$$s(f,\Delta)=\sum_{j=1}^{n}\sum_{i=1}^{m}m_{ij}(x_i-x_{i-1})(y_j-y_{j-1}).$$

ここで
$$M_{ij}=\sup\{f(x,y)|(x,y)\in\Delta_{ij}\}, \quad m_{ij}=\inf\{f(x,y)|(x,y)\in\Delta_{ij}\}.$$

である．Δ が細かくなれば $S(f,\Delta)$ の値は小さくなる．分割 Δ を動かして，この下限の値を $S(f)$ と書く．同様に Δ が細かくなれば $s(f,\Delta)$ の値は大きくなり，分割 Δ を動かして，この上限の値を $s(f)$ と書く．

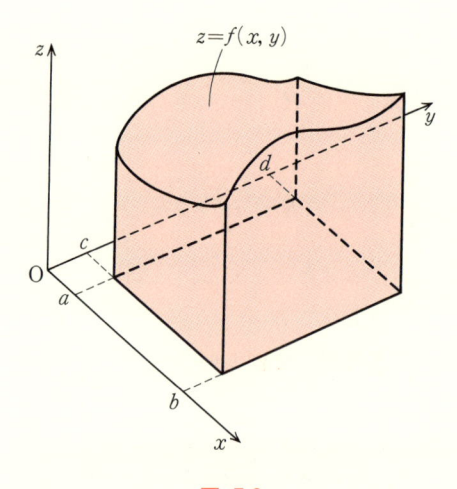

図 5.2

(∗) により $s(f)\leqq S(f)$ である．ここで $s(f)=S(f)$ となるとき，$f(x,y)$ は長方形領域 D で定積分可能であるという．この値を $f(x,y)$ の長方形領域 D における積分といい，$\iint_D f(x,y)\,dxdy$ と書き表わす．すなわち
$$\iint_D f(x,y)\,dxdy=S(f)=s(f)$$

である．

5.1 重積分

つぎの定理が成り立つ．

定理 5.1.1

$f(x, y)$ が長方形領域 D で積分可能とする．領域 D の分割 Δ の小区間 Δ_{ij} の中に任意の点 $(\alpha_{ij}, \beta_{ij})$ を取るとき，つぎの式が成り立つ．

$$\iint_D f(x, y)\, dxdy = \lim_{|\Delta| \to 0} \sum_{i,j} f(\alpha_{ij}, \beta_{ij})(x_i - x_{i-1})(y_j - y_{j-1}).$$

有界な集合での積分　$f(x, y)$ は D で定義された関数とする．D が長方形領域 $\tilde{D}$ に含まれているとき，$\tilde{D}$ 上の関数 $\tilde{f}(x, y)$ を

$$\tilde{f}(x, y) = \begin{cases} f(x, y) & ((x, y) \in D), \\ 0 & ((x, y) \notin D) \end{cases}$$

と定義する．関数 $\tilde{f}(x, y)$ が $\tilde{D}$ で積分可能なとき，$f(x, y)$ は D で積分可能であるといい

$$\iint_D f(x, y)\, dxdy = \iint_{\tilde{D}} \tilde{f}(x, y)\, dxdy$$

と書く．

集合の面積　有界集合 D が面積をもつとは，D で恒等的に 1 である関数が積分可能であるときにいう．この積分の値を D の面積といい，$S(D)$ と書く．1 変数の場合と同様に 1 を省略して $\iint_D dxdy$ と書く．すなわち

$$S(D) = \iint_D dxdy = \iint_D 1\, dxdy$$

である．3 次元のときは D の積分を**体積**，n 次元（$n > 3$）の場合は **n 次元の体積**といい，$v(D)$ と書く．

単純な領域　つぎのような集合を単純な領域という．

$\{(x,y) \mid a \leq x \leq b,\ \varphi_1(x) \leq y \leq \varphi_2(x)\}$ 　　x に関して単純な領域，

$\{(x,y) \mid c \leq y \leq d,\ \psi_1(y) \leq x \leq \psi_2(y)\}$ 　　y に関して単純な領域．

ただし $\varphi_1(x)$，$\varphi_2(x)$ は閉区間 $[a,b]$ で連続な関数であり，$\psi_1(y)$，$\psi_2(y)$ は $[c,d]$ で連続な関数とする．

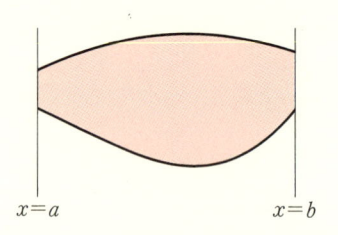

図 5.3　x に関して単純な領域 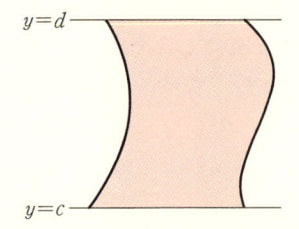　　　図 5.4　y に関して単純な領域

累次積分　関数 $f(x,y)$ は $D=\{(x,y) \mid a \leq x \leq b,\ \varphi_1(x) \leq y \leq \varphi_2(x)\}$ で連続とする．x を固定して $f(x,y)$ を $\varphi_1(x)$ から $\varphi_2(x)$ まで y で積分したもの

$$\int_{\varphi_1(x)}^{\varphi_2(x)} f(x,y)\,dy$$

を考える．この x の関数を x で a から b まで積分したものを

$$\int_a^b \left\{\int_{\varphi_1(x)}^{\varphi_2(x)} f(x,y)\,dy\right\}dx \quad \text{または} \quad \int_a^b dx \int_{\varphi_1(x)}^{\varphi_2(x)} f(x,y)\,dy$$

と書く．このように y で積分したものを x で積分したり，x で積分したものを y で積分したりすることを **累次積分** をとるという．

例1
$$\int_0^1 dx \int_x^{2x} (x^2+y^2+1)\,dy = \int_0^1 \left[x^2 y + \frac{1}{3}y^3 + y\right]_{y=x}^{y=2x} dx$$
$$= \int_0^1 \left\{2x^3 + \frac{8}{3}x^3 + 2x - \left(x^3 + \frac{1}{3}x^3 + x\right)\right\} dx$$
$$= \int_0^1 \left\{\frac{10}{3}x^3 + x\right\} dx = \left[\frac{5}{6}x^4 + \frac{1}{2}x^2\right]_0^1 = \frac{4}{3}.$$

例2 $\displaystyle\int_1^2 dy\int_0^{y^2}\frac{x}{y}dx=\int_1^2\left[\frac{x^2}{2y}\right]_{x=0}^{x=y^2}dy$
$\displaystyle\qquad =\int_1^2\frac{y^3}{2}dy=\left[\frac{y^4}{8}\right]_1^2=\frac{15}{8}.$

累次積分は，3変数以上の場合も同様である．

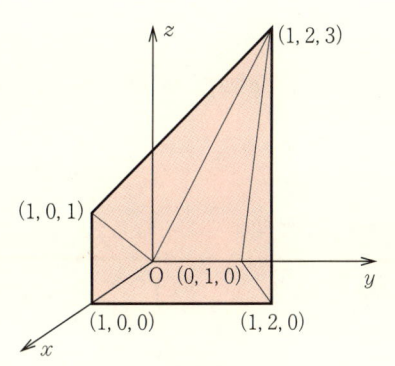

例3 $\displaystyle\int_0^1 dx\int_0^{x+1}dy\int_0^{x+y}zdz$
$\displaystyle\qquad =\int_0^1 dx\int_0^{x+1}\left[\frac{z^2}{2}\right]_{z=0}^{z=x+y}dy=\frac{1}{2}\int_0^1 dx\int_0^{x+1}(x+y)^2 dy$
$\displaystyle\qquad =\frac{1}{6}\int_0^1\left[(x+y)^3\right]_{y=0}^{y=x+1}dx=\frac{1}{6}\int_0^1\{(2x+1)^3-x^3\}dx$
$\displaystyle\qquad =\frac{1}{48}\left[(2x+1)^4-2x^4\right]_0^1=\frac{78}{48}=\frac{13}{8}.$

図 5.5

定理 5.1.2 ───────────── 重積分と累次積分 ─

$D=\{(x,y)\mid a\leqq x\leqq b,\ \varphi_1(x)\leqq y\leqq \varphi_2(x)\}$ とする．

(1) D は面積確定で，$\displaystyle S(D)=\int_a^b(\varphi_2(x)-\varphi_1(x))dx$．

(2) $f(x,y)$ が D で連続な関数ならば積分可能で，つぎの等式が成り立つ．

$$\iint_D f(x,y)\,dxdy=\int_a^b dx\int_{\varphi_1(x)}^{\varphi_2(x)}f(x,y)\,dy.$$

証明 (1) は (2) において，$f(x,y)=1$ とすればよい．

(2) の積分可能性については，細かい議論が必要なので証明は省略する．

(2) の等号を示す．D を含む長方形領域 $\tilde{D}$ は，つぎのように取れる．

$$\tilde{D}=\{(x,y)\in \mathbf{R}^2 \mid a\leq x\leq b,\ c\leq y\leq d\}.$$

$\tilde{D}$ の長方形分割 Δ を

$$\Delta : a=x_0<x_1<\cdots<x_m=b,\ c=y_0<y_1<\cdots<y_n=d$$

とし，M_{ij}, m_{ij} を D_{ij} における $f(x,y)$ の最大値および最小値とする．

$a_i\in [x_{i-1}, x_i]$ を固定したとき，$m_{ij}\leq \tilde{f}(a_i, y)\leq M_{ij}$ ($y_{j-1}\leq y\leq y_j$) であり，$\tilde{f}(a_i, y)$ は y の関数と考えて積分可能であるから

$$m_{ij}(y_j-y_{j-1})\leq \int_{y_{j-1}}^{y_j}\tilde{f}(a_i, y)\,dy\leq M_{ij}(y_j-y_{j-1})$$

が成り立つ．また $\int_c^d \tilde{f}(a_i, y)\,dy = \int_{\varphi_1(a_i)}^{\varphi_2(a_i)} f(a_i, y)\,dy$ であるから

$$\sum_{j=1}^n m_{ij}(y_j-y_{j-1})\leq \int_{\varphi_1(a_i)}^{\varphi_2(a_i)} f(a_i, y)\,dy \leq \sum_{j=1}^n M_{ij}(y_j-y_{j-1}).$$

各辺に x_i-x_{i-1} を掛けて，i に関する和を取ると

$$\sum_{i=1}^m\sum_{j=1}^n m_{ij}(x_i-x_{i-1})(y_j-y_{j-1}) \leq \sum_{i=1}^m \left\{\int_{\varphi_1(a_i)}^{\varphi_2(a_i)} f(a_i, y)\,dy\right\}(x_i-x_{i-1})$$

$$\leq \sum_{i=1}^m\sum_{j=1}^n M_{ij}(x_i-x_{i-1})(y_j-y_{j-1}).$$

この各辺で Δ を $|\Delta|\to 0$ に取ると，両端の項は共に

$$\iint_{\tilde{D}} \tilde{f}(x,y)\,dxdy = \iint_D f(x,y)\,dxdy$$

に収束することがわかる．中央の項は $\int_a^b dx \int_{\varphi_1(x)}^{\varphi_2(x)} f(x,y)\,dy$ に収束し，したがって等号が示された． ■

5.1 重積分

上の定理 5.1.2 の (2) により，重積分の計算は累次積分の計算に帰着する．

例題 5.1.1 ──────────────── 重積分の計算

つぎの積分を計算せよ．
$$\iint_D (2x-y)\,dxdy, \quad D=\{(x,y)\mid 0\leq x\leq 1,\ 1\leq y\leq 2\}.$$

解答
$$\iint_D (2x-y)\,dxdy = \int_0^1 dx \int_1^2 (2x-y)\,dy$$
$$= \int_0^1 \left[2xy - \frac{1}{2}y^2\right]_{y=1}^{y=2} dx = \int_0^1 \left(2x - \frac{3}{2}\right) dx$$
$$= \left[x^2 - \frac{3}{2}x\right]_0^1 = -\frac{1}{2}. \qquad \blacksquare$$

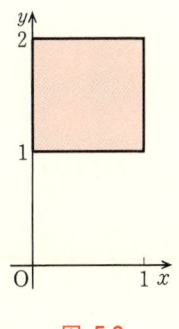

図 5.6

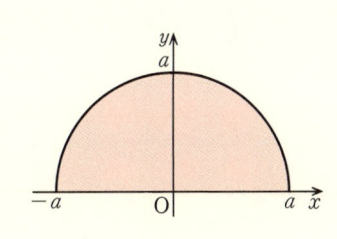

図 5.7

例題 5.1.2 ──────────────── 重積分の計算

$a>0$ のとき，つぎの積分を計算せよ．
$$\iint_D x^2 y\,dxdy, \quad D=\{(x,y)\mid x^2+y^2\leq a^2,\ y\geq 0\}.$$

解答
$$\iint_D x^2 y\,dxdy = \int_{-a}^{a} dx \int_0^{\sqrt{a^2-x^2}} x^2 y\,dy$$
$$= \frac{1}{2}\int_{-a}^{a} \left[x^2 y^2\right]_{y=0}^{y=\sqrt{a^2-x^2}} dx = \frac{1}{2}\int_{-a}^{a} x^2(a^2-x^2)\,dx$$
$$= \frac{1}{2}\left[\frac{1}{3}a^2 x^3 - \frac{1}{5}x^5\right]_{-a}^{a} = \frac{2}{15}a^5. \qquad \blacksquare$$

── 例題 5.1.3 ─────────────────── 重積分の計算 ──
つぎの積分を累次積分の順序を変えて，2通りに計算せよ．

$$\iint_D x^2 y\, dxdy, \quad D: y=x,\ x=1,\ x\text{軸に囲まれた領域}.$$

解答 (1) $D=\{(x,y)\mid 0\leqq x\leqq 1, 0\leqq y\leqq x\}$ と書けるから，まず y から先に積分すると

$$\iint_D x^2 y\, dxdy = \int_0^1 dx \int_0^x x^2 y\, dy$$

$$= \frac{1}{2}\int_0^1 \left[x^2 y^2\right]_{y=0}^{y=x} dx = \frac{1}{2}\int_0^1 x^4 dx$$

$$= \frac{1}{10}\left[x^5\right]_0^1 = \frac{1}{10}.$$

(2) $D=\{(x,y)\mid 0\leqq y\leqq 1, y\leqq x\leqq 1\}$ と書けるから，つぎに x から先に積分すると

$$\iint_D x^2 y\, dxdy = \int_0^1 dy \int_y^1 x^2 y\, dx$$

$$= \frac{1}{3}\int_0^1 \left[x^3 y\right]_{x=y}^{x=1} dy = \frac{1}{3}\int_0^1 (y-y^4)\, dy$$

$$= \frac{1}{3}\left[\frac{1}{2}y^2 - \frac{1}{5}y^5\right]_0^1 = \frac{1}{10}.$$ 終

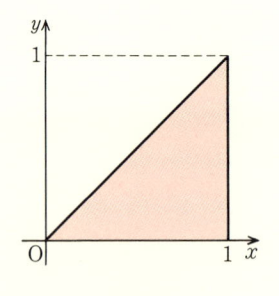

図 5.8

5.1 重積分

また,累次積分の値が等しいことを用いると,つぎのように積分の順序が変えられる.

例題 5.1.4 ──────────── **重積分の計算**

つぎの累次積分の積分の順序を入れ換えよ.

(1) $\displaystyle\int_0^1 dx \int_{x^2}^{x} f(x,y)\,dy$.

(2) $\displaystyle\int_0^1 dy \int_{y-1}^{-y+1} f(x,y)\,dx$.

解答 (1) $\displaystyle\int_0^1 dx \int_{x^2}^{x} f(x,y)\,dy = \int_0^1 dy \int_{y}^{\sqrt{y}} f(x,y)\,dx$.

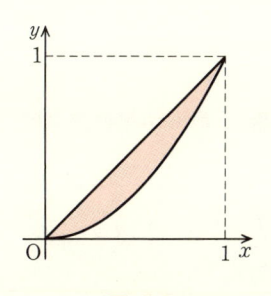

図 5.9

(2) $\displaystyle\int_0^1 dy \int_{y-1}^{-y+1} f(x,y)\,dx$
$= \displaystyle\int_{-1}^{0} dx \int_0^{x+1} f(x,y)\,dy + \int_0^1 dx \int_0^{-x+1} f(x,y)\,dy$. 　　終

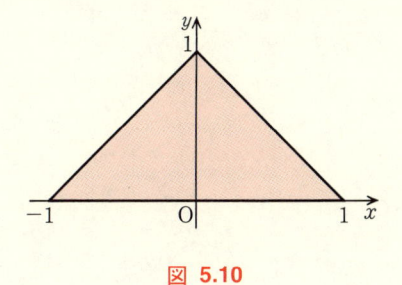

図 5.10

微分や積分は共に極限をとる操作であるから，その順序の交換は一般にはできない．その変換は例えば，つぎの場合には可能である．

微分と微分の順序の交換　つぎの微分の可換性が成り立つ．
$$f_{xy}(x,y), \ f_{yx}(x,y) \ \text{は，連続ならば一致する．}$$

積分どうしの順序の交換　長方形領域に限って，定理の形に述べておく．

定理 5.1.3 ──────────────────── 積分の順序の交換 ──

$f(x,y)$ が $D=\{(x,y)\,|\,a\leq x\leq b,\ c\leq y\leq d\}$ で連続な関数ならば，つぎの等式が成り立つ．
$$\int_a^b dx \int_c^d f(x,y)\,dy = \int_c^d dy \int_a^b f(x,y)\,dx.$$

微分と積分の順序の交換　最も簡単な場合について述べる．

定理 5.1.4 ──────────────────── 微分と積分の順序の交換 ──

$f(x,y),\ f_y(x,y)$ が $D=\{(x,y)\,|\,a\leq x\leq b, c\leq y\leq d\}$ で連続ならば，つぎの等式が成り立つ．
$$\frac{d}{dy}\int_a^b f(x,y)\,dx = \int_a^b \frac{\partial}{\partial y} f(x,y)\,dx.$$

例 4　$\displaystyle\frac{d}{dy}\int_1^2 \frac{e^{xy}}{x}\,dx = \frac{e^{2y}-e^y}{y}$　$(y>0)$．実際 $\displaystyle\frac{e^{xy}}{x},\ \frac{\partial}{\partial y}\left(\frac{e^{xy}}{x}\right)=e^{xy}$ は $D=\{(x,y)\,|\,1\leq x\leq 2, 0<c\leq y\leq d\}$ で連続だから，定理 5.1.4 により

$$\begin{aligned}
\frac{d}{dy}\int_1^2 \frac{e^{xy}}{x}\,dx &= \int_1^2 \frac{\partial}{\partial y}\frac{e^{xy}}{x}\,dx \\
&= \int_1^2 e^{xy}\,dx \\
&= \left[\frac{e^{xy}}{y}\right]_{x=1}^{x=2} \\
&= \frac{e^{2y}-e^y}{y}.
\end{aligned}$$

5.1 重積分

問題 5.1

1. 累次積分を計算せよ．

    (1) $\displaystyle\int_0^2 dx \int_{x^2}^{2x} xe^y dy$

    (2) $\displaystyle\int_0^1 dy \int_0^{\pi/2} y\sin xy\, dx$

2. 積分を計算せよ．

    (1) $\displaystyle\iint_D \sin(2x+y)\,dxdy$ $\qquad D: 0\leq x\leq \dfrac{\pi}{2},\ 0\leq y\leq \dfrac{\pi}{2}$

    (2) $\displaystyle\iint_D (x^2y+y^2)\,dxdy$ $\qquad D: 1\leq x\leq 2,\ 2\leq y\leq 3$

    (3) $\displaystyle\iint_D x\,dxdy$ $\qquad D: x^2+y^2\leq 1,\ x\geq 0$

    (4) $\displaystyle\iint_D \sqrt{a^2-y^2}\,dxdy$ $\qquad D: x^2+y^2\leq a^2$

    (5) $\displaystyle\iint_D xy^2\,dxdy$ $\qquad D: 0\leq y\leq x\leq 1$

    (6) $\displaystyle\iint_D (2x-y)\,dxdy$ $\qquad D: x\leq y\leq 2x,\ x+y\leq 3$

    (7) $\displaystyle\iiint_D z\,dxdydz$ $\qquad D: 0\leq x\leq 1,\ 0\leq y\leq 1-x,\ 0\leq z\leq 1-x-y$

    (8) $\displaystyle\iiint_D y\,dxdydz$ $\qquad D: x\geq 0,\ y\geq 0,\ z\geq 0,\ x+2y+3z\leq 6$

3. 積分の順序を変更せよ．

    (1) $\displaystyle\int_{-1}^1 dx \int_0^{2\sqrt{1-x^2}} f(x,y)\,dy$

    (2) $\displaystyle\int_{-2}^1 dx \int_{x^2}^{-x+2} f(x,y)\,dy$

    (3) $\displaystyle\int_0^4 dy \int_y^{2\sqrt{y}} f(x,y)\,dx$

    (4) $\displaystyle\int_0^4 dy \int_{y-2}^{\sqrt{y}} f(x,y)\,dx$

5.2 重積分の変数変換

1変数の定積分 $\int_a^b f(x)\,dx$ において，$x=x(t)$ という変数変換を行なうと

$$\int_a^b f(x)\,dx = \int_\alpha^\beta f(x(t))\,x'(t)\,dt \quad (x=x(t)\,;\,x(\alpha)=a,\ x(\beta)=b)$$

が成り立っていた（定理4.1.5（置換積分法））．重積分の場合には変数変換によって，積分はどのように変化するであろうか．

変数変換　D を xy 平面の領域，D' を uv 平面の領域とする．uv 平面の領域から xy 平面の領域への写像 $\varPhi(u,v)=(x(u,v),\ y(u,v))$ により，D' は D に1対1に写像されるとする．

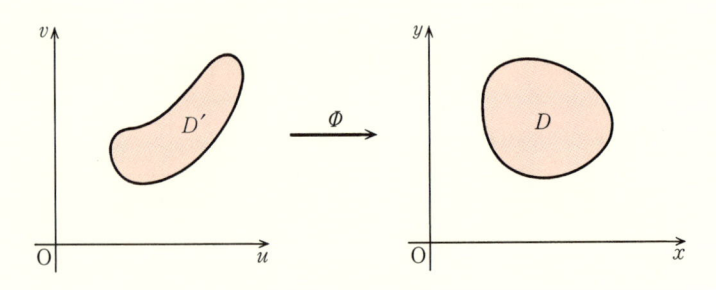

図 5.11

領域 D, D' は境界の点を含み，D, D' の境界は有限個の点を除き C^1 級である連続曲線であるとする．さらに $x=x(u,v)$, $y=y(u,v)$ が C^1 級で，x,y の u,v に関するヤコビアン

$$\frac{\partial(x,y)}{\partial(u,v)} = \det\begin{pmatrix} x_u & x_v \\ y_u & y_v \end{pmatrix}$$

が D' で0となることはないとする．このとき変数変換に関して，つぎの定理が成立する．

5.2 重積分の変数変換

定理 5.2.1 ────────────────────────── **重積分の変数変換** ─

上の記号と条件の下につぎの関係式が成り立つ．

$$\iint_D f(x,y)\,dxdy = \iint_{D'} f(x(u,v),\ y(u,v))\left|\frac{\partial(x,y)}{\partial(u,v)}\right|dudv.$$

証明は省略して，例題を述べる．

例題 5.2.1 ─

つぎの積分の値を計算せよ．

$$\iint_D (x-y)^2\,dxdy,\quad D=\{(x,y)\,|\,|x+2y|\leqq 1,\ |x-y|\leqq 1\}.$$

解答 この積分は直接にも計算できるが，つぎのように変数変換を用いた方が簡単である．

$$\begin{cases} x+2y=u, \\ x-y=v \end{cases} \quad \text{とおく．すなわち} \quad \begin{cases} x=\dfrac{u+2v}{3}, \\ y=\dfrac{u-v}{3}. \end{cases}$$

これを D の条件の式に代入すると $D'=\{(u,v)\,|\,|u|\leqq 1, |v|\leqq 1\}$ と D の点は1対1に対応する．また

$$\left|\frac{\partial(x,y)}{\partial(u,v)}\right| = \left|\det\begin{pmatrix} 1/3 & 2/3 \\ 1/3 & -1/3 \end{pmatrix}\right| = \frac{1}{3}$$

である．よって

$$\iint_D (x-y)^2\,dxdy = \iint_{D'} \frac{v^2}{3}\,dudv$$
$$= \int_{-1}^{1} du \int_{-1}^{1} \frac{v^2}{3}\,dv = \frac{4}{9}.\quad\blacksquare$$

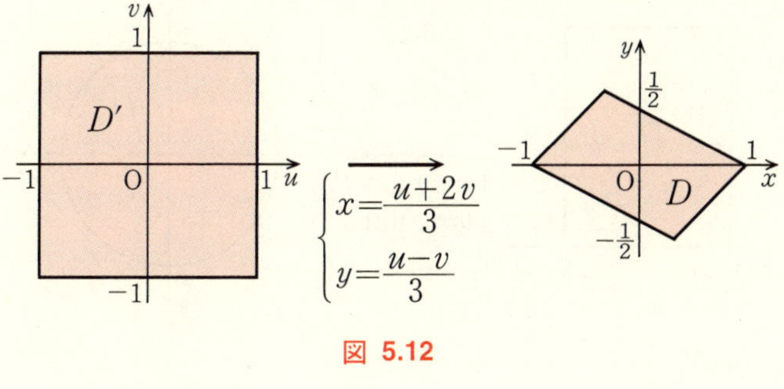

図 5.12

極座標への変換　変数変換で特によく用いられるのは極座標,すなわち

$$x = r\cos\theta, \quad y = r\sin\theta$$

とおく変換である.このときのヤコビアンは §3.2 (p.60) でみたように

$$\frac{\partial(x, y)}{\partial(r, \theta)} = r$$

である.この事実を形式的につぎのように書くことも多い.

$$dxdy = r\,drd\theta.$$

例題 5.2.2

$a > 0$ のとき,つぎの積分の値を計算せよ.

$$\iint_D (x^2 + y^2)\,dxdy, \quad D = \{(x, y) \mid x^2 + y^2 \leq a^2\}.$$

解答　$x = r\cos\theta$, $y = r\sin\theta$ とおく.$r\theta$ 平面の領域 D' を

$$D' = \{(r, \theta) \mid 0 \leq r \leq a,\ 0 \leq \theta \leq 2\pi\}$$

とおくと,D' は $x = r\cos\theta$, $y = r\sin\theta$ によって D に写像される.このとき

$$\iint_D (x^2 + y^2)\,dxdy = \iint_{D'} r^2 \cdot r\,drd\theta$$
$$= \int_0^{2\pi} d\theta \int_0^a r^3\,dr = 2\pi \left[\frac{r^4}{4}\right]_0^a = \frac{\pi a^4}{2}. \quad \blacksquare$$

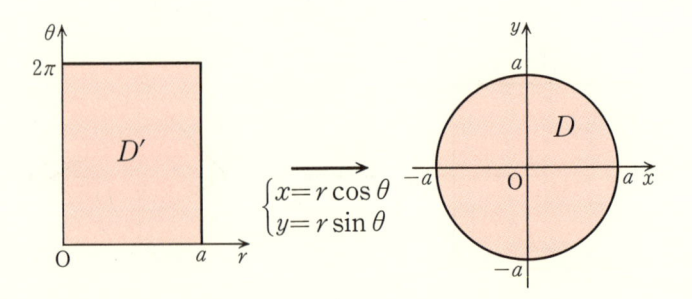

図 5.13

5.2 重積分の変数変換

例題 5.2.3

つぎの積分の値を計算せよ．
$$\iint_D x^2 dxdy, \quad D=\{(x,y) \mid x^2+y^2 \leq x\}.$$

解答 $x=r\cos\theta,\ y=r\sin\theta$ とおく．D は中心 $\left(\frac{1}{2},0\right)$ で，半径 $\frac{1}{2}$ の円盤であるから（図5.14参照）$r,\ \theta$ の範囲は

$$-\frac{\pi}{2} \leq \theta \leq \frac{\pi}{2}, \quad 0 \leq r \leq \cos\theta$$

となる．この領域を D' とすると

$$\begin{aligned}
\iint_D x^2 dxdy &= \iint_{D'} r^2\cos^2\theta\ rdrd\theta \\
&= \int_{-\pi/2}^{\pi/2} d\theta \int_0^{\cos\theta} r^3\cos^2\theta\ dr \\
&= \int_{-\pi/2}^{\pi/2} \cos^2\theta \left[\frac{1}{4}r^4\right]_{r=0}^{r=\cos\theta} d\theta \\
&= \frac{1}{2}\int_0^{\pi/2} \cos^6\theta\ d\theta = \frac{1}{2}\frac{5\cdot 3\cdot 1}{6\cdot 4\cdot 2}\frac{\pi}{2} \\
&= \frac{5\pi}{2^6}.
\end{aligned}$$

終

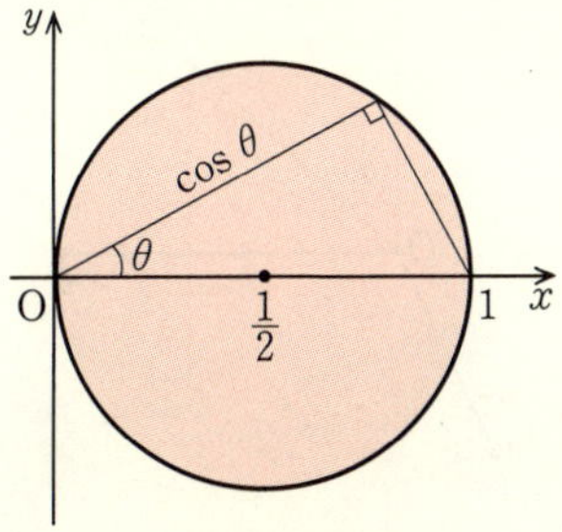

図 5.14

空間の極座標　空間の点 $P(x, y, z)$ に対して，$r=\sqrt{x^2+y^2+z^2}$ とおく．θ を z 軸とベクトル $\overrightarrow{OP}$ の間の角度，φ をベクトル $\overrightarrow{OP}$ の xy 平面への射影が x 軸となす角度とすると

$$x = r\sin\theta\cos\varphi, \qquad y = r\sin\theta\sin\varphi$$
$$z = r\cos\theta$$

と表わされる．この (r, θ, φ) を**空間の極座標**と呼ぶ．(r, θ, φ) $(0 \leqq r, 0 \leqq \theta \leqq \pi, 0 \leqq \varphi < 2\pi)$ と空間の点は原点以外では1対1に対応する．またこのとき

$$\left|\frac{\partial(x, y, z)}{\partial(r, \theta, \varphi)}\right| = \left|\det\begin{pmatrix} \sin\theta\cos\varphi & r\cos\theta\cos\varphi & -r\sin\theta\sin\varphi \\ \sin\theta\sin\varphi & r\cos\theta\sin\varphi & r\sin\theta\cos\varphi \\ \cos\theta & -r\sin\theta & 0 \end{pmatrix}\right|$$
$$= r^2\sin\theta \quad (\geqq 0).$$

これを，つぎのように表わす．

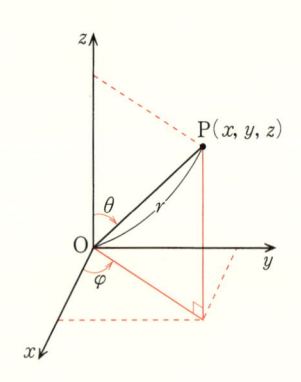

$$dxdydz = r^2\sin\theta \, drd\theta d\varphi.$$

図 5.15

5.2 重積分の変数変換

例題 5.2.4

$$\int_0^\infty e^{-x^2}dx = \frac{\sqrt{\pi}}{2}.$$

解答 正の数 a に対して領域 $D(a)$, $E(a)$ を

$$D(a) = \{(x,y) \mid 0 \leqq x \leqq a,\ 0 \leqq y \leqq a\},$$
$$E(a) = \{(x,y) \mid x^2 + y^2 \leqq a^2,\ 0 \leqq x,\ 0 \leqq y\}$$

とおく．$E(a) \subset D(a) \subset E(\sqrt{2}a)$ であるから

$$\iint_{E(a)} e^{-x^2-y^2}dxdy \leqq \iint_{D(a)} e^{-x^2-y^2}dxdy \leqq \iint_{E(\sqrt{2}a)} e^{-x^2-y^2}dxdy$$

である．各積分を計算すると

$$\iint_{D(a)} e^{-x^2-y^2}dxdy = \int_0^a e^{-x^2}dx \int_0^a e^{-y^2}dy$$
$$= \left(\int_0^a e^{-x^2}dx\right)^2,$$

$$\iint_{E(a)} e^{-x^2-y^2}dxdy = \int_0^{\pi/2} d\theta \int_0^a e^{-r^2}r\,dr$$
$$= -\frac{\pi}{4}\left[e^{-r^2}\right]_0^a$$
$$= \frac{\pi(1-e^{-a^2})}{4}$$

となるから

$$\frac{\pi(1-e^{-a^2})}{4} \leqq \left(\int_0^a e^{-x^2}dx\right)^2 \leqq \frac{\pi(1-e^{-2a^2})}{4}.$$

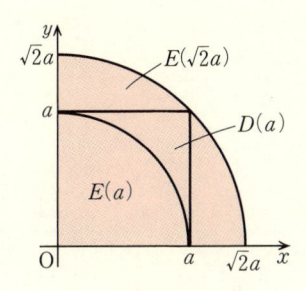

図 5.16

この各項で $a\to\infty$ とすると,両端の項は $\pi/4$ に収束する.よって $\left(\int_0^a e^{-x^2}dx\right)^2$ も $a\to\infty$ のときに $\pi/4$ に収束する.したがって

$$\left(\int_0^\infty e^{-x^2}dx\right)^2 = \lim_{a\to\infty}\left(\int_0^a e^{-x^2}dx\right)^2 = \frac{\pi}{4}$$

である.また $e^{-x^2-y^2}>0$ であるから,$\int_0^\infty e^{-x^2}dx>0$ となり

$$\int_0^\infty e^{-x^2}dx = \frac{\sqrt{\pi}}{2}$$

が示された. □

5.2 重積分の変数変換

問題 5.2

1. 極座標を用いて，つぎの積分の値を計算せよ．

    (1) $\iint_D \dfrac{dxdy}{(x^2+y^2)^m}$ $\quad D: a^2 \leq x^2+y^2 \leq 4a^2,\ (a>0)$

    (2) $\iint_D \sqrt{1-x^2-y^2}\, dxdy$ $\quad D: x^2+y^2 \leq 1$

    (3) $\iint_D x\, dxdy,$ $\quad D: x^2+y^2 \leq x$

2. 適当な変数変換を用いて，つぎの積分の値を計算せよ．

    (1) $\iint_D (x-y)e^{x+y}\, dxdy$ $\quad D: 0 \leq x+y \leq 2,\ 0 \leq x-y \leq 2$

    (2) $\iint_D x^2\, dxdy$ $\quad D: \left(\dfrac{x}{a}\right)^2 + \left(\dfrac{y}{b}\right)^2 \leq 1,\quad a, b > 1$

    (3) $\iint_D (x+y)^4\, dxdy$ $\quad D: x^2+2xy+2y^2 \leq 1$

3. 空間の極座標を用いて，つぎの積分の値を計算せよ．

    (1) $\iiint_D x\, dxdydz$ $\quad D: x^2+y^2+z^2 \leq a^2,\ 0 \leq x, y, z$

    (2) $\iiint_D (x^2+y^2+z^2)\, dxdydz$ $\quad D: x^2+y^2+z^2 \leq a^2$

4. 極座標表示された曲線 $r=f(\theta)\,(\alpha \leq \theta \leq \beta)$ と $\theta=\alpha$，$\theta=\beta$ で囲まれる図形 D の面積は

$$S(D) = \dfrac{1}{2}\int_\alpha^\beta f(\theta)^2 d\theta$$

であることを示せ．

5.3 線積分とグリーンの定理

有向曲線　t の閉区間 $I=[a,b]$（または $I=[b,a]$）で定義された連続曲線

$$C : x=\varphi(t), \quad y=\psi(t) \quad (t \in I)$$

があるとする．このとき

$$始点\ P(\varphi(a), \psi(a))\ と終点\ Q(\varphi(b), \psi(b))$$

を定め，C の向きを P から Q に t が a から b へ動く方向と定めたものを有向（ゆうこう）曲線とか，向きをもった曲線といい

$$C : x=\varphi(t), \quad y=\psi(t), \quad 向き\quad t : a \to b$$

と書く．以下考える有向曲線は，有限個の点を除き C^1 級であるとする．

例1　つぎの有向曲線は単位円周に2通りの向きを与えたものである．

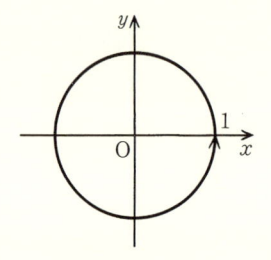

図 5.17　$C_1 : x=\cos t,\ y=\sin t$
　　　　　向き $t : 0 \to 2\pi$

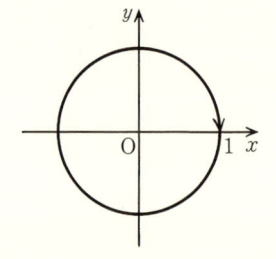

図 5.18　$C_2 : x=\cos t,\ y=\sin t$
　　　　　向き $t : 2\pi \to 0$

5.3 線積分とグリーンの定理

線積分　有向曲線

$$C: x = \varphi(t),\ y = \psi(t), \quad 向き\ t: a \to b$$

が与えられたとする．C 上で連続な関数 $f(x, y)$ に対して

$$\int_C f(x, y)\,dx = \int_a^b f(\varphi(t), \psi(t))\,\varphi'(t)\,dt,$$

$$\int_C f(x, y)\,dy = \int_a^b f(\varphi(t), \psi(t))\,\psi'(t)\,dt$$

とおき，$f(x, y)$ の有向曲線 C に沿った線積分という．線積分は曲線とその方向とで決まりパラメーターの取り方によらないことを示すことができる．

例2　$C: y = x^2$（方向：$(0, 0) \to (a, a^2)$）とする．パラメーター t として x が取れるから

$$\int_C (x+y)\,dx = \int_0^a (x+x^2)\,dx = \left[\frac{x^2}{2} + \frac{x^3}{3}\right]_0^a = \frac{a^2}{2} + \frac{a^3}{3}.$$

また

$$\int_C (x+y)\,dy = \int_0^a (x+x^2)\,2x\,dx = \left[\frac{2x^3}{3} + \frac{x^4}{2}\right]_0^a = \frac{2a^3}{3} + \frac{a^4}{2}.$$

領域の境界の向き　領域 D の境界に，D の内部が進行方向の左手になるように向きをつけたものを ∂D と書く（図 5.19，図 5.20）．

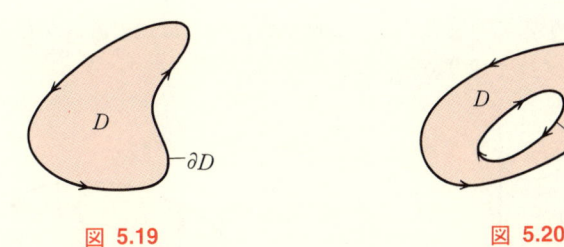

図 5.19

図 5.20

定理 5.3.1 ─────── グリーンの定理

$P(x,y)$, $Q(x,y)$ が有界閉領域 D で C^1 級の関数とすると

$$\int_{\partial D} P(x,y)\,dx + Q(x,y)\,dy = \iint_D \left(\frac{\partial Q(x,y)}{\partial x} - \frac{\partial P(x,y)}{\partial y}\right)dxdy.$$

証明 有向領域 D の境界にその内部が進行方向の左手になるよう方向づけたものを ∂D と書く．まず D が x に関して単純なときに示す．

D の内部を $D = \{(x,y) \mid a \leq x \leq b,\ \phi_1(x) \leq y \leq \phi_2(x)\}$ とし，図 5.21 のように ∂D を C_1, C_2, C_3, C_4 と分けると

$$\int_{\partial D} P(x,y)\,dx = \int_{C_1} + \int_{C_2} + \int_{C_3} + \int_{C_4}$$

となる．C_1 においては，$x=b$, $y=y$ $(y : \varphi_1(b) \to \varphi_2(b))$ とパラメーターとして y をとることができる．$\dfrac{dx}{dy}=0$ であるから

$$\int_{C_1} P(x,y)\,dx = \int_{\varphi_1(b)}^{\varphi_2(b)} P(b,y)\frac{dx}{dy}\,dy = 0.$$

同様に C_3 における積分も 0 である．よって

$$\int_{\partial D} P(x,y)\,dx = \int_a^b P(x,\varphi_1(x))\,dx + \int_b^a P(x,\varphi_2(x))\,dx$$

$$= -\int_a^b \{P(x,\varphi_2(x)) - P(x,\varphi_1(x))\}\,dx$$

$$= -\int_a^b dx \int_{\varphi_1(x)}^{\varphi_2(x)} \frac{\partial P}{\partial y}(x,y)\,dy = -\iint_D \frac{\partial P(x,y)}{\partial y}\,dxdy.$$

一般の場合には D を x に関して単純である小領域に分割し（図 5.22），各小領域における和をとる．小領域の境界のうち D の内部にあるものは，隣あった2つの小領域の境界として2回現れ，向きは逆であるからその和は 0 となり，定理が D で成り立つ． 終

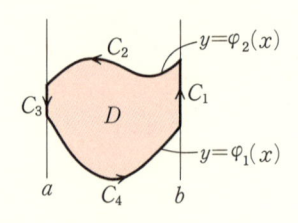

図 5.21

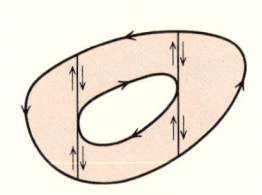

図 5.22

5.3 線積分とグリーンの定理

例3 C を原点を中心とし半径 a の円周に，時計の逆回りに向きを付けたものとする．このとき

$$\int_C y\,dx - x\,dy$$

をグリーンの定理を用いて計算する．半径 a の円盤を D と書くと，$C = \partial D$ が成り立つから

$$\int_C y\,dx - x\,dy = \iint_D -2\,dxdy = -2\pi a^2.$$

例4 グリーンの定理は P, Q が D 全体で C^1 級であることを要求している．特に P, Q は D 全体で連続でなければならない．

C を単位円周に，時計の逆回りに向きを付けたものとする．

$$P(x, y) = \frac{-y}{x^2 + y^2}, \quad Q(x, y) = \frac{x}{x^2 + y^2}$$

とおくと

$$P_y = Q_x = \frac{-x^2 + y^2}{(x^2 + y^2)^2}$$

であるから，単位円盤を D としたとき，例3のようにグリーンの定理を用いて

$$\int_C P(x, y)\,dx + Q(x, y)\,dy = \iint_D (Q_x(x, y) - P_y(x, y))\,dxdy = 0$$

としたい．しかし，$P(x, y)$, $Q(x, y)$ を原点でも連続であるように拡張できないから，**グリーンの定理は適用できない**．正しい計算は，C を

$$x = \cos t, \quad y = \sin t \quad (t : 0 \to 2\pi)$$

と表わし，定義に従って計算すると

$$\int_C \frac{-y}{x^2 + y^2}\,dx + \frac{x}{x^2 + y^2}\,dy = \int_0^{2\pi} (\sin^2 t + \cos^2 t)\,dt$$
$$= \int_0^{2\pi} dt = 2\pi$$

となる．

問題 5.3

1. つぎの線積分の値を計算せよ．

(1) $\int_C x^2 dx + 2xy\, dy$　　$C：(1,1)$ から $(-1,3)$ へ直線で結んだもの

(2) $\int_C xy\, dx + e^{x^2} dy$　　$C：y=x^2$，方向：$(0,0)\to(2,4)$

2. つぎの線積分を重積分に帰着して計算せよ．

(1) $\int_C (e^x + y)\, dx + (y^4 + x^3)\, dy$　　$C：$ 単位円を時計の反対回りに1周

(2) $\int_C (y^3 - y)\, dx + (3y^2 x - x)\, dy$　　$C：$ 単位円を時計の反対回りに1周

3. 領域 D の面積はグリーンの定理より，つぎのように表わされることを示せ．

$$S(D) = \int_{\partial D} x\, dy = -\int_{\partial D} y\, dx = \frac{1}{2}\int_{\partial D}(x\, dy - y\, dx).$$

これを用いて，つぎの図形の面積を求めよ．

(1) $x = \cos^3 \theta$, $y = \sin^3 \theta$ で囲まれた図形

(2) $r = 1 + \cos \theta$ で囲まれた図形

4. 関数 $P(x,y)$, $Q(x,y)$ が全平面で C^1 級で
$$P_y(x,y) = Q_x(x,y)$$
ならば，$P(x,y)\,dx + Q(x,y)\,dy$ を点 A から B へ連続曲線に沿って積分したものは，A と B を結ぶ曲線の取り方によらないことを示せ．

5. つぎの線積分は始点 A と終点 B で決まり，A と B を結ぶ曲線によらないことを示せ．

(1) $\int_A^B (e^x + 2xy)\, dx + (e^{2y} + x^2)\, dy$

(2) $\int_A^B yf(xy)\, dx + xf(xy)\, dy$

5.4 重積分の応用（体積と曲面積）

V が空間内の図形であるとき，V の体積 $v(V)$ は
$$v(V) = \iiint_V dxdydz$$
で定義された．

例題 5.4.1 ────────────────── 球の体積 ──

半径が a の球の体積を求めよ．

解答 原点を中心とし半径が a の球を V とすると，V は
$$V = \{(x, y, z) \mid x^2 + y^2 + z^2 \leqq a^2\}$$
と書ける．空間の極座標
$$x = r\sin\theta\cos\varphi, \quad y = r\sin\theta\sin\varphi, \quad z = r\cos\theta$$
を用いると
$$dxdydz = r^2\sin\theta \, drd\theta d\varphi$$
であり，V の点は $0 \leqq r \leqq a$，$0 \leqq \theta \leqq \pi$，$0 \leqq \varphi \leqq 2\pi$ と対応する．よって
$$\begin{aligned}
v(V) &= \iiint_V dxdydz = \int_0^a dr \int_0^\pi d\theta \int_0^{2\pi} r^2\sin\theta \, d\varphi \\
&= \int_0^a r^2 dr \int_0^\pi \sin\theta \, d\theta \int_0^{2\pi} d\varphi \\
&= 2\pi \left[\frac{r^3}{3}\right]_0^a \left[-\cos\theta\right]_0^\pi = \frac{4\pi a^3}{3}.
\end{aligned}$$
　　　　　　　　　　　　　　　　　　　　　　　　　　　　□

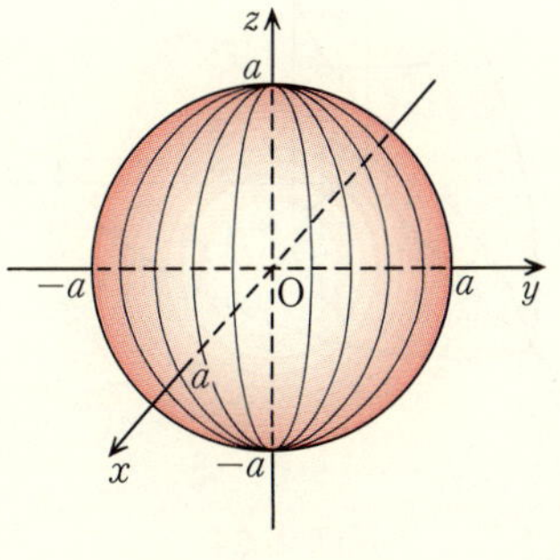

図 5.23

例題 5.4.2 ──────────────── 球と円柱の共通部分の体積 ──

つぎの 2 つの図形の共通部分 V の体積を求めよ．

半径が a の球：$x^2+y^2+z^2 \leq a^2$，　円柱：$x^2+y^2 \leq ax$．

解答
$$D' = \{(x,y) \mid x^2+y^2 \leq ax,\ y \geq 0\}$$
$$V' = \{(x,y,z) \mid 0 \leq z \leq \sqrt{a^2-x^2-y^2}, (x,y) \in D'\}$$

とおくと，V の体積は V' の体積の 4 倍である．D' を極座標で表わすと

$$0 \leq r \leq a\cos\theta, \quad 0 \leq \theta \leq \pi/2$$

であるから

$$
\begin{aligned}
v(V) &= 4\iiint_{V'} dxdydz = 4\iint_{D'} dxdy \int_0^{\sqrt{a^2-x^2-y^2}} dz \\
&= 4\iint_{D'} \sqrt{a^2-x^2-y^2}\, dxdy = 4\int_0^{\pi/2} d\theta \int_0^{a\cos\theta} \sqrt{a^2-r^2}\, rdr \\
&= -\frac{4}{3}\int_0^{\pi/2} \left[(a^2-r^2)^{3/2}\right]_{r=0}^{r=a\cos\theta} d\theta \\
&= \frac{4a^3}{3}\int_0^{\pi/2} (1-\sin^3\theta)\, d\theta = \frac{4a^3}{3}\left(\frac{\pi}{2}-\frac{2}{3}\right) = \left(\frac{2\pi}{3}-\frac{8}{9}\right)a^3. \quad \blacksquare
\end{aligned}
$$

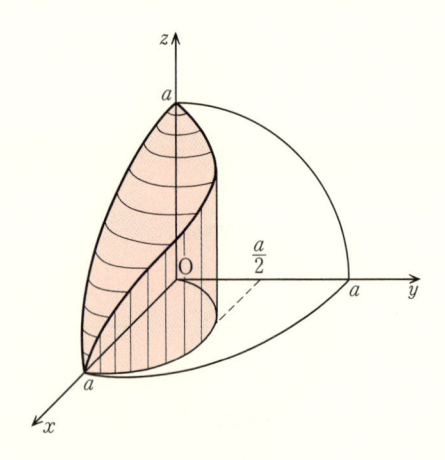

図 5.24

5.4 重積分の応用（体積と曲面積）

例題 5.4.3 ─────────── 2つの円柱の共通部分の体積 ─

つぎの2つの円柱の共通部分 V の体積を求めよ.
$$\text{円柱}：x^2+y^2 \leq a^2, \quad \text{円柱}：y^2+z^2 \leq a^2.$$

解答 $x \geq 0$, $y \geq 0$, $z \geq 0$ の部分を V' とすると

$$V' = \{(x, y, z) \mid 0 \leq z \leq \sqrt{a^2-y^2},\ x^2+y^2 \leq a^2,\ x \geq 0,\ y \geq 0\}$$

と表わされ, V の体積は V' の体積の8倍である.

$$\begin{aligned}
v(V) &= 8 \iiint_{V'} dxdydz = 8 \int\!\!\!\int_{\substack{x^2+y^2 \leq a^2 \\ x,y \geq 0}} dxdy \int_0^{\sqrt{a^2-y^2}} dz \\
&= 8 \int\!\!\!\int_{\substack{x^2+y^2 \leq a^2 \\ x,y \geq 0}} \sqrt{a^2-y^2}\, dxdy = 8 \int_0^a dy \int_0^{\sqrt{a^2-y^2}} \sqrt{a^2-y^2}\, dx \\
&= 8 \int_0^a (a^2-y^2)\, dy = 8 \left[a^2 y - \frac{y^3}{3}\right]_0^a = \frac{16 a^3}{3}.
\end{aligned}$$
　　　　　　　　　　　　　　　　　　　　　　　　　　　□終

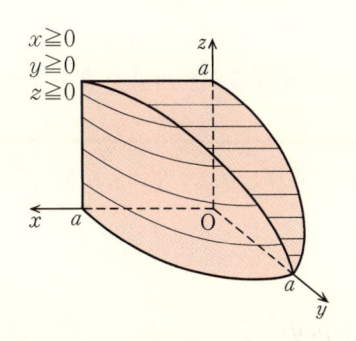

図 5.25

曲面積　D を xy 平面の有界な閉領域とし，$K: z=f(x,y)$，$((x,y) \in D)$ を空間内の曲面とする．D を含む長方形領域 $\tilde{D}$ の長方形分割を $\varDelta$ とし，$\varDelta'_{ij}$ を分割された小長方形とし

$$\varDelta_{ij} = D \cap \varDelta'_{ij}$$

とおく．$\varDelta_{ij}$ 上の点 Q をとる．xy 平面への射影が Q となる K の点 P をとり，P における K の接平面を π とする．π の点で xy 平面への射影が $\varDelta_{ij}$ に含まれるもの全体を $\tilde{\varDelta}_{ij}$ とする．

$\lim_{\varDelta \to 0} \sum_{i,j} S(\tilde{\varDelta}_{ij})$ が収集するならば，これを $S(K)$ と書き，曲面 K の**曲面積**あるいは単に**面積**という．

定理 5.4.1 ────────────────── 曲面積 ─

$f(x,y)$ が C^1 級ならば，$K: z=f(x,y)\,((x,y) \in D)$ は曲面積をもち

$$S(K) = \iint_D \sqrt{f_x(x,y)^2 + f_y(x,y)^2 + 1}\, dxdy.$$

証明　π を K の点 P における接平面とする．$Q(a_{ij}, b_{ij})$，$P(a_{ij}, b_{ij}, f(a_{ij}, b_{ij}))$ とし，π と xy 平面の間の角度を θ とする．P における π の法線ベクトルとして

$$\boldsymbol{p} = (f_x(a_{ij}, b_{ij}),\ f_y(a_{ij}, b_{ij}), -1)$$

が取れるから，$\boldsymbol{q} = (0,0,1)$ とおくと，θ は $\boldsymbol{p}$ と $\boldsymbol{q}$ との間の角度でもある．よって，内積を用いると

$$|\cos\theta| = \frac{|(\boldsymbol{p}, \boldsymbol{q})|}{\|\boldsymbol{p}\| \cdot \|\boldsymbol{q}\|} = \frac{1}{\sqrt{f_x(a_{ij}, b_{ij})^2 + f_y(a_{ij}, b_{ij})^2 + 1}}.$$

$S(\varDelta_{ij}) = S(\tilde{\varDelta}_{ij})|\cos\theta|$ であるから

$$S(\tilde{\varDelta}_{ij}) = S(\varDelta_{ij}) \sqrt{f_x(a_{ij}, b_{ij})^2 + f_y(a_{ij}, b_{ij})^2 + 1}.$$

したがって

$$S(K) = \lim_{|\varDelta| \to 0} \sum_{i,j} \sqrt{f_x(a_{ij}, b_{ij})^2 + f_y(a_{ij}, b_{ij})^2 + 1}\, S(\varDelta_{ij})$$
$$= \iint_D \sqrt{f_x(x,y)^2 + f_y(x,y)^2 + 1}\, dxdy. \quad \blacksquare$$

問題 5.4

1. つぎの図形の体積を求めよ．
   (1) $\left(\dfrac{x}{a}\right)^2+\left(\dfrac{y}{b}\right)^2+\left(\dfrac{z}{c}\right)^2\leqq 1$
   (2) $x^{2/3}+y^{2/3}+z^{2/3}\leqq a^{2/3}$
   (3) 曲面 $z=x^2+y^2$ と平面 $z=2x$ に囲まれた部分．
   (4) $0\leqq x+y\leqq 1,\ 0\leqq y+z\leqq 1,\ 0\leqq z+x\leqq 1$

2. $y=f(x)\,(a\leqq x\leqq b)$ を x 軸のまわりに回転した図形の内部 V の体積は
$$v(V)=\pi\int_a^b f(x)^2 dx.$$

3. つぎの図形の体積を求めよ．
   (1) $y=\sin x\ (0\leqq x\leqq \pi)$ を x 軸のまわりに回転した図形の内部．
   (2) 円盤 $x^2+(y-b)^2\leqq a^2\ (0<a<b)$ を x 軸のまわりに回転した図形の内部．
   (3) 平面 $z=a(a\geqq 0)$ で切った切口がカーディオイド $r=a(1+\cos\theta)$ である図形の $0\leqq z\leqq 1$ の部分．

4. つぎの図形の曲面積を求めよ．
   (1) 円柱 $y^2+z^2=a^2$ の円柱 $x^2+y^2=a^2$ の内部にある部分．
   (2) 円柱 $y^2+z^2=a^2$ の球 $x^2+y^2+z^2=2a^2$ の内部にある部分．
   (3) 曲面 $z=x^2+y^2$ の平面 $z=a$ より下の部分．

5. つぎの図形の曲面積を求めよ．
   (1) 曲線 $y=\sin x\ (0\leqq x\leqq 2\pi)$ を x 軸のまわりに回転した図形．
   (2) $y=\dfrac{a}{2}(e^{x/a}+e^{-x/a})\,(-a\leqq x\leqq a)$ を x 軸のまわりに回転した図形．

5.5 ガンマ関数とベータ関数

この節では，応用の上で重要な特殊関数である，ガンマ関数とベータ関数を考えよう．4.3 節でも考えたが，次のように定義する．

ガンマ関数： $\Gamma(s) = \int_0^\infty e^{-x} x^{s-1} dx \qquad (s>0)$.

ベータ関数： $B(p, q) = \int_0^1 x^{p-1}(1-x)^{q-1} dx \qquad (p, q>0)$.

定理 5.5.1 ──────────────── ガンマ関数の収束 ──

$\Gamma(s)$ は $s>0$ で収束する．

証明 $s>0$ のとき $\Gamma(s) = \int_0^\infty e^{-x} x^{s-1} dx$ は収束することを示そう．不連続点は 0 および ∞ である．$f(x) = e^{-x} x^{s-1}$ とおく．

$x=0$ の近くでの積分の収束性： $g(x) = x^{s-1}$ とおく．$\int_0^1 g(x) dx$ は収束し

$$\lim_{x \to +0} \frac{|f(x)|}{g(x)} = \lim_{x \to +0} e^{-x} = 1$$

となるから，$\int_0^1 f(x) dx$ は収束する．

$x=\infty$ の近くでの積分の収束性：自然数 m を $m>s$ にとり $g(x) = x^{s-1-m}$ とおく．$s-1-m < -1$ であるから $\int_1^\infty g(x) dx$ は収束し

$$\lim_{x \to +\infty} \frac{|f(x)|}{g(x)} = \lim_{x \to +\infty} \frac{x^m}{e^x} = \lim_{x \to +\infty} \frac{m!}{e^x} = 0$$

となる．よって $\int_1^\infty f(x) dx$ は収束する．

以上より $\Gamma(s)$ が $s(>0)$ のときに収束することが示された． □

ガンマ関数 上のように $s>0$ を動かして $\Gamma(s)$ を s の関数と考えたものをガンマ関数という．ガンマ関数の定義の中の被積分関数は正であるから，$s>0$ のとき $\Gamma(s)>0$ がわかる．同様に**ベータ関数**も定理 5.5.3 により定義される

5.5 ガンマ関数とベータ関数

定理 5.5.2 ─────────────── ガンマ関数の基本性質

(1) $\Gamma(s+1) = s\Gamma(s), \quad (s>0)$.

(2) $\Gamma(1) = 1$,
$\Gamma(n) = (n-1)! \quad (n=1, 2, 3, \cdots)$.

(3) $\Gamma\left(\dfrac{1}{2}\right) = \sqrt{\pi}$.

証明 (1) $\Gamma(s+1) = \displaystyle\int_0^\infty e^{-x} x^s dx$

$\qquad\qquad\qquad = \left[-e^{-x} x^s\right]_0^\infty - \displaystyle\int_0^\infty (-e^{-x}) s x^{s-1} dx$

$\qquad\qquad\qquad = s \displaystyle\int_0^\infty e^{-x} x^{s-1} dx = s\Gamma(s)$.

(2) $\Gamma(1) = \displaystyle\int_0^\infty e^{-x} dx = \left[-e^{-x}\right]_0^\infty = 1$.

$\Gamma(n+1) = n\Gamma(n) = n(n-1)\Gamma(n-1)$
$\qquad\qquad = \cdots = n! \,\Gamma(1) = n!$.

(3) $\Gamma\left(\dfrac{1}{2}\right) = \displaystyle\int_0^\infty e^{-x} x^{-1/2} dx = \displaystyle\int_0^\infty e^{-t^2} t^{-1} 2t\, dt$

$\qquad\quad = 2\displaystyle\int_0^\infty e^{-t^2} dt = \sqrt{\pi}$. （例題 5.2.4 を用いた） □

例 1 $\Gamma(6) = 5! = 5\cdot 4\cdot 3\cdot 2\cdot 1 = 120$.

例 2 $\Gamma\left(\dfrac{5}{2}\right) = \dfrac{3}{2}\Gamma\left(\dfrac{3}{2}\right)$

$\qquad\quad = \dfrac{3}{2}\dfrac{1}{2}\Gamma\left(\dfrac{1}{2}\right) = \dfrac{3}{4}\sqrt{\pi}$.

例 3 $\Gamma\left(n+\dfrac{1}{2}\right) = \dfrac{2n-1}{2}\cdots\dfrac{1}{2}\Gamma\left(\dfrac{1}{2}\right)$

$\qquad\quad = \dfrac{(2n-1)!!}{2^n}\sqrt{\pi}$.

―― 定理 5.5.3 ―――――――――――― ベータ関数の基本性質 ――

(1) $p,\ q>0$ のとき $B(p,q)$ は収束し,$B(p,q)>0$ である.

(2) $B(p,q)=B(q,p)$.

(3) $B(p,q+1)=\dfrac{q}{p}B(p+1,q)$.

(4) $B(p,q)=2\displaystyle\int_0^{\pi/2}\sin^{2p-1}\theta\cos^{2q-1}\theta\,d\theta\qquad (p,q>0)$.

(5) $\displaystyle\int_0^{\pi/2}\sin^a\theta\cos^b\theta\,d\theta=\dfrac{1}{2}B\left(\dfrac{a+1}{2},\dfrac{b+1}{2}\right)\qquad (a,b>-1)$.

証明 (1) の証明は省略する.$\Gamma(s)$ の場合と同じである.

(2) $t=1-x$ とおくと,$dx=-dt$ であるから

$$B(p,q)=\int_0^1 x^{p-1}(1-x)^{q-1}dx$$
$$=\int_1^0 (1-t)^{p-1}t^{q-1}(-dt)$$
$$=\int_0^1 t^{q-1}(1-t)^{p-1}dt=B(q,p).$$

(3) $pB(p,q+1)=p\displaystyle\int_0^1 x^{p-1}(1-x)^q dx$

$$=\Big[x^p(1-x)^q\Big]_0^1+q\int_0^1 x^p(1-x)^{q-1}dx$$
$$=qB(p+1,q).$$

(4) $B(p,q)=\displaystyle\int_0^1 x^{p-1}(1-x)^{q-1}dx$

$$=\int_0^{\pi/2}(\sin\theta)^{2(p-1)}(1-\sin^2\theta)^{q-1}(2\sin\theta\cos\theta)\,d\theta$$

$$(x=\sin^2\theta)$$

$$=2\int_0^{\pi/2}\sin^{2p-1}\theta\cos^{2q-1}\theta\,d\theta.$$

(5) は (4) において $a=2p-1,\ b=2q-1$ とおけばよい.　　□

5.5 ガンマ関数とベータ関数

定理 5.5.4 ──────────────── ガンマ関数とベータ関数 ──

$$B(p,q) = \frac{\Gamma(p)\,\Gamma(q)}{\Gamma(p+q)}.$$

証明 正方形の領域 $D'(a)$ と，円の $1/4$ の領域 $E'(a)$ を考える．

$$D'(a) = \{(x,y) \mid 0 < x \leq a,\ 0 < y \leq a\},$$
$$E'(a) = \{(x,y) \mid x^2 + y^2 \leq a^2,\ 0 < x,\ y\}.$$

領域 $E'(a) \subset D'(a) \subset E'(\sqrt{2}\,a)$ において，関数 $f(x,y) = 4e^{-x^2-y^2} x^{2p-1} y^{2q-1}$ の積分を考える．$f(x,y) > 0$ であるから

$$(*) \qquad \iint_{E'(a)} f(x,y)\,dxdy \leq \iint_{D'(a)} f(x,y)\,dxdy$$
$$\leq \iint_{E'(\sqrt{2}\,a)} f(x,y)\,dxdy$$

が成り立つ．このとき

$$\iint_{D'(a)} f(x,y)\,dxdy = 4 \iint_{D'(a)} e^{-x^2-y^2} x^{2p-1} y^{2q-1}\,dxdy$$
$$= \left(2\int_0^a e^{-x^2} x^{2p-1}\,dx\right)\left(2\int_0^a e^{-y^2} y^{2q-1}\,dy\right)$$
$$\to \Gamma(p)\,\Gamma(q) \qquad (a \to \infty),$$

$$\iint_{E'(a)} f(x,y)\,dxdy = 4\iint_{E'(a)} e^{-x^2-y^2} x^{2p-1} y^{2q-1}\,dxdy$$
$$= 4\iint_{\substack{0 < r \leq a \\ 0 < \theta < \pi/2}} e^{-r^2} (r\cos\theta)^{2p-1}(r\sin\theta)^{2q-1} r\,drd\theta$$
$$= \left(2\int_0^a e^{-r^2} r^{2p+2q-1}\,dr\right)\left(2\int_0^{\pi/2} \cos^{2p-1}\theta \sin^{2q-1}\theta\,d\theta\right)$$
$$\to \Gamma(p+q)\,B(p,q) \qquad (a \to \infty).$$

よって，$a \to \infty$ のとき $(*)$ の両端の項は $\Gamma(p+q)\,B(p,q)$ に収束し，真ん中の項は $\Gamma(p)\,\Gamma(q)$ に収束するから，$\Gamma(p+q)\,B(p,q) = \Gamma(p)\,\Gamma(q)$ を得る． □

図 5.26

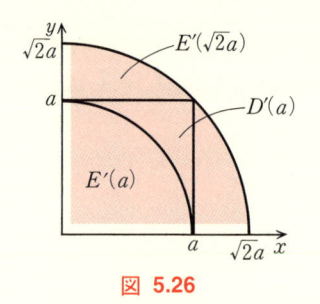

ガンマ関数，ベータ関数は数学のあらゆるところに現われる．

--- 例題 5.5.1 ---
$\int_0^{\pi/2} \sin^3 \theta \cos^4 \theta \, d\theta$ を求めよ．

解答
$$\int_0^{\pi/2} \sin^3 \theta \cos^4 \theta \, d\theta = \frac{1}{2} B\left(\frac{4}{2}, \frac{5}{2}\right)$$
$$= \frac{1}{2} \frac{\Gamma(2)\Gamma(5/2)}{\Gamma(9/2)}$$
$$= \frac{1}{2} \frac{1 \cdot \frac{3}{2} \cdot \frac{1}{2} \Gamma\left(\frac{1}{2}\right)}{\frac{7}{2} \cdot \frac{5}{2} \cdot \frac{3}{2} \cdot \frac{1}{2} \Gamma\left(\frac{1}{2}\right)} = \frac{2}{35}.$$
　　終

問題 5.5

1. ベータ関数，ガンマ関数を用いて，つぎの値を計算せよ．

   (1) $\displaystyle\int_0^{\pi/2} \sin^4\theta \cos^6\theta \, d\theta$

   (2) $\displaystyle\int_0^{\pi/2} \sin^5\theta \cos^7\theta \, d\theta$

   (3) $\displaystyle\int_0^{\pi/2} \sin^5\theta \cos^6\theta \, d\theta$

   (4) $\displaystyle\int_0^{\pi} \sin^4\theta \cos^4\theta \, d\theta$

2. ベータ関数，ガンマ関数を用いて，つぎの積分の値を求めよ．

   (1) $\displaystyle\int_0^1 \frac{x}{\sqrt{1-x^4}} dx$

   (2) $\displaystyle\int_0^2 \frac{x}{\sqrt{2-x}} dx$

   (3) $\displaystyle\int_0^1 \frac{x^5}{\sqrt{1-x^4}} dx$

   (4) $\displaystyle\int_0^\infty e^{-x^2} x^7 dx$

   (5) $\displaystyle\int_{-1}^1 (1-x^2)^5 dx$

3. つぎの積分をガンマ関数で表わせ $(a, b > 0)$．

   (1) $\displaystyle\int_0^1 \frac{dx}{\sqrt{1-x^5}}$

   (2) $\displaystyle\int_0^1 x^{a-1}(1-x^b)^3 dx$

   (3) $\displaystyle\int_0^1 x^{a-1}\left(\log\frac{1}{x}\right)^{b-1} dx$

付録 1.

ギリシャ文字

A, α	アルファ	N, ν	ニュー
B, β	ベータ	Ξ, ξ	クサイ
Γ, γ	ガンマ	O, o	オミクロン
Δ, δ	デルタ	Π, π, ϖ	パイ
E, ϵ, ε	イプシロン	P, ρ, ϱ	ロー
Z, ζ	ゼータ	$\Sigma, \sigma, \varsigma$	シグマ
H, η	エータ	T, τ	タウ
$\Theta, \theta, \vartheta$	シータ, テータ	Υ, υ	ウプシロン
I, ι	イオータ	Φ, ϕ, φ	ファイ
$K, \varkappa$	カッパ	X, χ	カイ
Λ, λ	ラムダ	Ψ, ψ	プサイ
M, μ	ミュー	Ω, ω	オメガ

付録 2.

三角関数の基本公式

$$\sin\left(\frac{\pi}{2}-\theta\right)=\cos\theta, \quad \cos\left(\frac{\pi}{2}-\theta\right)=\sin\theta, \quad \tan\left(\frac{\pi}{2}-\theta\right)=\cot\theta.$$

$$\sin\left(\theta+\frac{\pi}{2}\right)=\cos\theta, \quad \cos\left(\theta+\frac{\pi}{2}\right)=-\sin\theta, \quad \tan\left(\theta+\frac{\pi}{2}\right)=-\cot\theta.$$

加法公式

$$\sin(\alpha\pm\beta)=\sin\alpha\cos\beta\pm\cos\alpha\sin\beta,$$
$$\cos(\alpha\pm\beta)=\cos\alpha\cos\beta\mp\sin\alpha\sin\beta,$$
$$\tan(\alpha\pm\beta)=\frac{\tan\alpha\pm\tan\beta}{1\mp\tan\alpha\tan\beta}.$$

和・差を積にする公式

$$\sin\alpha+\sin\beta=2\sin\frac{\alpha+\beta}{2}\cos\frac{\alpha-\beta}{2},$$
$$\sin\alpha-\sin\beta=2\sin\frac{\alpha-\beta}{2}\cos\frac{\alpha+\beta}{2},$$
$$\cos\alpha+\cos\beta=2\cos\frac{\alpha+\beta}{2}\cos\frac{\alpha-\beta}{2},$$
$$\cos\alpha-\cos\beta=-2\sin\frac{\alpha+\beta}{2}\sin\frac{\alpha-\beta}{2}.$$

積を和・差にする公式

$$\sin A\cos B=\frac{1}{2}\{\sin(A+B)+\sin(A-B)\},$$
$$\cos A\cos B=\frac{1}{2}\{\cos(A+B)+\cos(A-B)\},$$
$$\sin A\sin B=-\frac{1}{2}\{\cos(A+B)-\cos(A-B)\}.$$

倍角の公式

$$\sin 2\alpha=2\sin\alpha\cos\alpha,$$
$$\cos 2\alpha=\cos^2\alpha-\sin^2\alpha=2\cos^2\alpha-1=1-2\sin^2\alpha,$$
$$\tan 2\alpha=\frac{2\tan\alpha}{1-\tan^2\alpha}.$$

$t=\tan\dfrac{\theta}{2}$ とおいたとき,

$$\sin\theta=\frac{2t}{1+t^2}, \quad \cos\theta=\frac{1-t^2}{1+t^2}, \quad \tan\theta=\frac{2t}{1-t^2}, \quad d\theta=\frac{2dt}{1+t^2}.$$

問題の略解

問題 1.1

1. (1) e^{-1} (2) e^2 (3) e^{-2} (4) 0
2. (1) 35 (2) 126 (3) 210
3. (1) 最大値なし，最小値 -5
   (2) 最大値 2，最小値なし
   (3) 最大値 0，最小値なし
   (4) 最大値なし，最小値 $\sqrt{8}-1$
4. (1) 有界 (2) 有界ではない (3) 有界ではない

問題 1.2

1. (1) $\dfrac{\sqrt{2}}{2}$ (2) $-\dfrac{\sqrt{2}}{4}$ (3) 0
   (4) $\dfrac{2}{3}$ (5) 0 (6) e^{-1}
2. (1) $\lim\limits_{x\to 0}\dfrac{\sin(2x)}{x}=2\neq f(0)=1$ であるから，連続でない．
   (2) $\lim\limits_{x\to 0}2x\sin(1/x)=0\neq f(0)=1$ であるから，連続でない．
3. (1) $\dfrac{\pi}{3}$ (2) $\dfrac{2\pi}{3}$ (3) $\dfrac{\pi}{6}$
4. (1) $\dfrac{\sqrt{30}}{6}$ (2) $\dfrac{2\sqrt{2}}{3}$

問題 2.1

1. (1) $x(x^2+1)^4(x^3-2)^2(19x^3+9x-20)$
   (2) $\dfrac{1}{x\log x}$ (3) $(\log 2)2^x$ (4) $3x^2(x^2+1)^{1/2}(2x^2+1)$
   (5) $e^{x^x}x^x(\log x+1)$ (6) $(\sin x)^{(\cos x-1)}\{-\sin^2 x\log(\sin x)+\cos^2 x\}$
   (7) $-\dfrac{2x}{1+x^4}$ (8) $\dfrac{1}{x\sqrt{1+2\log x}}$

(9) $\dfrac{1}{1+x^2}$ (10) $-\dfrac{1}{\sqrt{1-x^2}}$

(11) $\dfrac{1}{2}\sqrt{\dfrac{(x-1)(x-2)}{(x-3)(x-4)}}\left(\dfrac{1}{x-1}+\dfrac{1}{x-2}-\dfrac{1}{x-3}-\dfrac{1}{x-4}\right)$

(12) $2\sqrt{a^2-x^2}$

2. (1) $y=x-1$ (2) $y=\dfrac{\sqrt{2}}{2}x+\dfrac{\pi}{4}-1$

問題 2.2

1. (1) $1/6$ (2) 0 (3) 1 (4) -2
   (5) $-1/3$ (6) e^{-1} (7) $\log a - \log b$

2. (1) $f(x)=(1+x)\log(1+x)-x$ とおく．$1+x>0$ において $f'(x)=\log(1+x)$ である．よって，$f'(x)>0$ となるのは $x>0$ である．$x=0$ のときは等号が成り立つ．

(2) $x<1$ のとき $1-x>0$ であるから，$f(x)=1-(1-x)e^x$ とおくと $f'(x)=xe^x$ である．

(3) $f(x)=\tan x - x - (x-\sin x)$ とおくと，
$f'(x)=\dfrac{1}{\cos^2 x}+\cos x-2>\dfrac{1}{\cos x}+\cos x-2\geqq 2-2=0$ $\left(0<x<\dfrac{\pi}{2}\right)$
である．

3. (1) $f(x)=x^{1/x}$ とおくと $f'(x)=x^{(1/x-2)}(1-\log x)$ である．

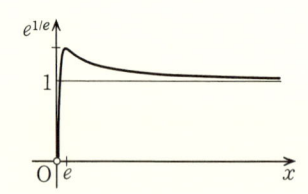

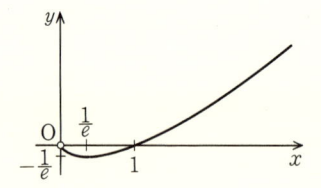

(2) $f(x)=x\log x$ とおくと $f'(x)=1+\log x$ である．

4. (1) $y=\dfrac{e}{2}x$

(2) $y=\dfrac{1}{4}(x+\pi-\log 2)$

問題の略解

問題 2.3

1. (1) $\dfrac{(-1)^n n!}{(1+x)^{n+1}}$ (2) $-\dfrac{(n-1)!}{(1-x)^n}$

   (3) $a(a-1)\cdots(a-n+1)(1+x)^{a-n}$

   (4) $2^{n-2}e^{2x}(4x^2+4nx+n(n-1))$

   (5) $(\log 3)^{n-2}3^x\{(\log 3)^2 x^2+\log 3(2n+\log 3)x+n(n-1+\log 3)\}$

   (6) $2^n x^2 \cos\left(2x+\dfrac{n\pi}{2}\right)+n2^n x \cos\left(2x+\dfrac{(n-1)\pi}{2}\right)$
   $+n(n-1)2^{n-2}\cos\left(2x+\dfrac{(n-2)\pi}{2}\right)$

   (7) $\dfrac{(-1)^n n!}{3}\left\{\dfrac{1}{(x-2)^{n+1}}-\dfrac{1}{(x+1)^{n+1}}\right\}$

   (8) $e^x(1-x)^{-n-1}n!\left\{\displaystyle\sum_{k=0}^{n}\dfrac{1}{k!}(1-x)^k\right\}$

2. (1) $y=(x-1)^2(x-3)$, $y'=(x-1)(3x-7)$ である．よって $x=1$ のとき極大値 $y=0$ である．また $x=\dfrac{7}{3}$ のとき極小値 $y=-\dfrac{2^8}{3^3}=-\dfrac{32}{27}$ をとる．$y''=6x-10$ であるから $x=\dfrac{5}{3}$ が変曲点である．$x<\dfrac{5}{3}$ で上に凸，$x>\dfrac{5}{3}$ で下に凸である．（下の左の図）

   (2) $x\geqq 0$ でのみ定義される．$y=2x^2\sqrt{x}-5x^2$ を微分すると $y'=5x(\sqrt{x}-2)$．これを解いて $x=4$ のとき極小値 $y=-16$ である．また $y''=\dfrac{15}{2}\sqrt{x}-10$ であるから $x=\dfrac{16}{9}$ が変曲点．$0<x<\dfrac{16}{9}$ で上に凸，$x>\dfrac{16}{9}$ で下に凸である．（下の右の図）

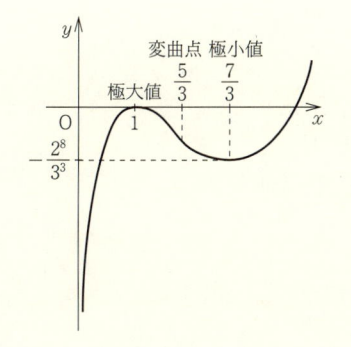

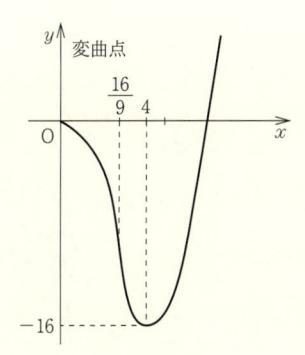

(3) $x>0$ でのみ定義される．$y=\dfrac{\log x}{x}$，$y'=\dfrac{1-\log x}{x^2}$ であるから，$x=e$ で極大値 e^{-1} を取る．$y''=\dfrac{-3+2\log x}{x^3}$ であるから $x=e^{3/2}$ が変曲点である．$0<x<e^{3/2}$ で上に凸，$x>e^{3/2}$ で下に凸である．

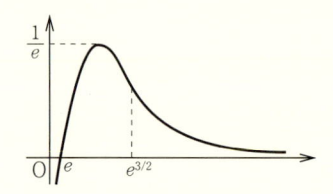

3. (1) $c_1=3$，$c_2=2.3333$，$c_3=2.2381$，$c_4=2.2361$
   (2) $c_1=-1$，$c_2=-0.75$，$c_3=-0.6860$，$c_4=-0.6823$

4. $\dfrac{d}{dx}\left(\dfrac{dz}{dx}\right)=\dfrac{d}{dx}\left(\dfrac{dz}{dy}\dfrac{dy}{dx}\right)=\dfrac{d}{dx}\left(\dfrac{dz}{dy}\right)\dfrac{dy}{dx}+\dfrac{dz}{dy}\dfrac{d^2y}{dx^2}$

$=\dfrac{d}{dy}\left(\dfrac{dz}{dy}\right)\dfrac{dy}{dx}\dfrac{dy}{dx}+\dfrac{dz}{dy}\dfrac{d^2y}{dx^2}=\dfrac{d^2z}{dy^2}\left(\dfrac{dy}{dx}\right)^2+\dfrac{dz}{dy}\dfrac{d^2y}{dx^2}$

問題 2.4

1. (1) $\sin x = x - \dfrac{1}{6}x^3 + \dfrac{\sin(\theta x)}{24}x^4$

   (2) $\sqrt{1+x} = 1 + \dfrac{1}{2}x - \dfrac{1}{8}x^2 + \dfrac{1}{16}x^3 - \dfrac{5}{2^7(1+\theta x)^{7/2}}x^4$

   (3) $x\sin x = x^2 + \dfrac{-4\cos(\theta x) + \theta x\sin(\theta x)}{24}x^4$

   (4) $\dfrac{x}{1+x} = x - x^2 + x^3 - \dfrac{1}{(1+\theta x)^5}x^4$

2. (1) $\cos x = \displaystyle\sum_{k=0}^{m-1}\dfrac{(-1)^k}{(2k)!}x^{2k} + \dfrac{(-1)^m\cos(\theta x)}{(2m)!}x^{2m}$
   $(\cos(x+m\pi)=(-1)^m\cos x$ を用いた$)$

   (2) $\sin x = \displaystyle\sum_{k=0}^{m-1}\dfrac{(-1)^k}{(2k+1)!}x^{2k+1} + \dfrac{(-1)^m\cos(\theta x)}{(2m+1)!}x^{2m+1}$
   $\left(\sin\left(x+m\pi+\dfrac{\pi}{2}\right)=(-1)^m\cos x\ \text{を用いた}\right)$

   (3) $e^{2x} = \displaystyle\sum_{k=0}^{n-1}\dfrac{2^k}{k!}x^k + \dfrac{2^n e^{2\theta x}}{n!}x^n$

   (4) $\log(1+x) = \displaystyle\sum_{k=1}^{n-1}\dfrac{(-1)^{k+1}}{k}x^k + \dfrac{(-1)^{n+1}}{n(1+\theta x)^n}x^n$

3. (1) $(1+x^2)\cos x = 1 + \dfrac{1}{2}x^2 + o(x^3)$

問題の略解   139

    (2) $(2-x)\sqrt{1+x}=2-\dfrac{3}{4}x^2+\dfrac{1}{4}x^3+o(x^3)$

    (3) $e^{2x}\sin x=x+2x^2+\dfrac{11}{6}x^3+o(x^3)$

4. (1) $\dfrac{(1+x)(x+o(x^2))-x\left(1-\dfrac{1}{2}x^2+o(x^2)\right)}{x^2}=\dfrac{x^2+o(x^2)}{x^2}\to 1$

    (2) $\dfrac{1+x^2+o(x^2)-\left(1-\dfrac{1}{2}x^2+o(x^2)\right)}{x^2+o(x^2)}\to\dfrac{3}{2}$

    (3) $\dfrac{x-\dfrac{1}{6}x^3+o(x^3)-x\left(1+x+\dfrac{1}{2}x^2+o(x^2)\right)+x^2}{x\left(-\dfrac{1}{2}x^2+o(x^2)\right)}\to\dfrac{4}{3}$

5. (1) 1.6486, 誤差 $<\dfrac{1}{6!}\cdot 3\cdot\left(\dfrac{1}{2}\right)^6<0.0001$

    (2) 0.693004, 誤差を調べると $\dfrac{1}{6(1-\theta_1/3)^6}\left(\dfrac{1}{3}\right)^6-\dfrac{1}{6(1+\theta_2/3)^6}\left(\dfrac{1}{3}\right)^6$

       ($0<\theta_1$, $\theta_2<1$) であるから, 誤差 $<\dfrac{1}{6}\left(\dfrac{1}{2^6}-\dfrac{1}{4^6}\right)<0.00256$

    (3) 0.0998334181, 誤差 $<\left(\dfrac{1}{6!}\right)\left(\dfrac{1}{10}\right)^6<0.00000001$

6. 平均値の定理より $f(a+h)=f(a)+hf'(a+\theta h)$. この $f'(a+\theta h)$ に平均値の定理を再び用いると
$$f'(a+\theta h)=f'(a)+\theta h f''(a+\theta'\theta h)$$
である. これを上の式に代入すると
$$f(a+h)=f(a)+hf'(a)+\theta h^2 f''(a+\theta'\theta h)$$
となる. 一方, $n=2$ のときにテーラーの定理を用いると
$$f(a+h)=f(a)+hf'(a)+\dfrac{h^2}{2}f''(a+\theta''h)$$
である. ここで
$$\theta h^2 f''(a+\theta'\theta h)=\dfrac{h^2}{2}f''(a+\theta''h)$$
の両辺で $\lim\limits_{h\to 0}f''(a+\theta\theta'h)=\lim\limits_{h\to 0}f''(a+\theta''h)=f''(a)\neq 0$ である. よって $\lim\limits_{h\to 0}\theta=\dfrac{1}{2}$ を得る.

問題 3.1

1. (1) $\displaystyle\lim_{(x,y)\to(0,0)}\frac{x^2y}{x^2+y^2}=0$

    (2) $\displaystyle\lim_{(x,y)\to(0,0)}\frac{x^2-2y^2}{x^2+y^2}$: 極限なし

    (3) $\displaystyle\lim_{(x,y)\to(0,0)}\frac{x^2+2y^2}{2x^2+y^2}$: 極限なし

    (4) $\displaystyle\lim_{(x,y)\to(0,0)}\frac{x^3+x^2y}{2x^2+y^2}=0$

2. (1) $z=1\ (x\neq 0)$, $\qquad\qquad\qquad z=-1\ (y\neq 0)$

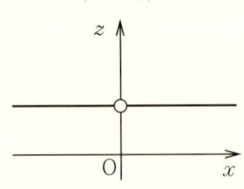

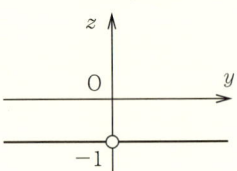

    (2) $z=\dfrac{1}{x}\ (x\neq 0)$, $\qquad\qquad\quad z=y\ (z\neq y)$

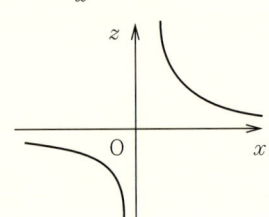

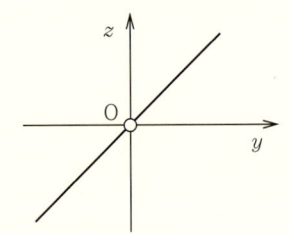

3. (1) 連続　(2) 不連続

4. (1) $z_x=2xy^5-6x^2y^2,\quad z_y=5x^2y^4-4x^3y+1$

    (2) $z_x=3x^2,\quad z_y=2y$

    (3) $z_x=2xy\cos(x^2y),\quad z_y=x^2\cos(x^2y)$

問題の略解

問題 3.2

1. (1) $z=-7x+4y+7$　　(2) $z=x-\dfrac{2}{3}y-2$　　(3) $z=x+2y+2$

2. (1) $\dfrac{dz}{dt}=2e^{2t}(t^2+t)-e^t(t^4+4t^3)$

　(2) $\dfrac{dz}{dt}=\dfrac{3e^{3t}+e^t}{1+e^{2t}+2e^{4t}+e^{6t}}$

　(3) $\dfrac{dz}{dt}=2t\,e^{t^2\cos^2 t}\cos t\,(\cos t-t\sin t)$

3. (1) $z_x=6u^2-2v^2,\ z_y=-4uv$
　(2) $z_x=-z_y=2(u-v)\cos(u-v)^2$

4. $z_u=(\cos\alpha)z_x+(\sin\alpha)z_y,\ z_v=(-\sin\alpha)z_x+(\cos\alpha)z_y$ であるから
$z_u^2+z_v^2=\{(\cos\alpha)z_x+(\sin\alpha)z_y\}^2+\{(-\sin\alpha)z_x+(\cos\alpha)z_y\}^2=z_x^2+z_y^2$.

5. $x=\dfrac{u+v}{2},\ y=\dfrac{u-v}{2}$ であるから, $z_u=\dfrac{1}{2}(f_x+f_y),\ z_v=\dfrac{1}{2}(f_x-f_y)$.

6. (1) $\dfrac{\partial(x,y)}{\partial(u,v)}=ad-bc$　　(2) $\dfrac{\partial(x,y)}{\partial(u,v)}=u-v$

　(3) $\dfrac{\partial(x,y)}{\partial(u,v)}=-2(u^2+v^2)$

問題 3.3

1. (1) $4f_{xx}+12f_{xy}+9f_{yy}$　　(2) 49

2. (1) $z_{xx}=6xy,\quad z_{xy}=z_{yx}=3x^2+2y,\quad z_{yy}=2x$

　(2) $z_{xx}=2y\cos xy-xy^2\sin xy,\quad z_{xy}=z_{yx}=2x\cos xy-x^2 y\sin xy,$
　　$z_{yy}=-x^3\sin xy$

　(3) $z_{xx}=-\dfrac{2xy^3}{(1+x^2y^2)^2},\quad z_{xy}=z_{yx}=\dfrac{1-x^2y^2}{(1+x^2y^2)^2},$
　　$z_{yy}=-\dfrac{2x^3y}{(1+x^2y^2)^2}$

3. (1) 0　　(2) 0

4. $z_r=z_x\cos\theta+z_y\sin\theta,\ z_{rr}=z_{xx}\cos^2\theta+z_{yy}\sin^2\theta+2z_{xy}\sin\theta\cos\theta$
$z_{\theta\theta}=z_{xx}r^2\sin^2\theta+z_{yy}r^2\cos^2\theta-2z_{xy}r^2\sin\theta\cos\theta-(z_x r\cos\theta+z_y r\sin\theta)$

5. (1) 極値ではない. ($f_x=f_y=0$ ではない.)
　(2) 極小　　(3) 極小

6. (1) $\left(-\dfrac{4}{7},\dfrac{8}{7}\right)$ で極小値 $-\dfrac{16}{7}$

　(2) 極値なし

　(3) $\left(-\dfrac{4}{3},-\dfrac{4}{3}\right)$ で極大値 $\dfrac{64}{27}$　　($(0,0)$ では $y=-x$ とおいてみる.)

問題 4.1

1. (1) $\text{Tan}^{-1} e^x$ (2) $\log|\log x|$ (3) $\dfrac{2}{3}\sqrt{1+3x}$

(4) $-\dfrac{1}{3}(1-x^2)^{3/2}$ (5) $-\dfrac{1}{4(1+x^2)^2}$ (6) $\text{Tan}^{-1}(x+1)$

(7) $\dfrac{1}{2\cos^2 x}$ (8) $x\,\text{Sin}^{-1} x + \sqrt{1-x^2}$

2. (1) $\dfrac{5}{4}e^4 - \dfrac{1}{4}$ (2) $\dfrac{\pi}{6}$

(3) $\dfrac{5}{12}\sqrt{2}$ (4) $\dfrac{\pi}{3} + \log 2$

3. $F(x) = \int f(x)\,dx$ とおき，積分を F を用いて表し，それを微分する．

(1) $\dfrac{d}{dx}\displaystyle\int_{-x}^{x+1} f(2t)\,dt = f(2x+2) + f(-2x)$

(2) $\dfrac{d}{dx}\displaystyle\int_{x}^{2x} tf(t^2)\,dt = 4xf(4x^2) - xf(x^2)$

問題 4.2

1. (1) $x + \dfrac{9}{5}\log|x-3| - \dfrac{4}{5}\log|x+2|$

(2) $\log|x-1| - \dfrac{1}{2}\log(x^2+1) - \text{Tan}^{-1} x$

(3) $\dfrac{1}{x-2} + \dfrac{1}{2(x-2)^2}$ (4) $\log\left|\dfrac{\sqrt{x+1}-1}{\sqrt{x+1}+1}\right|$

(5) $\dfrac{1}{2}x^2 - \dfrac{2}{3}x\sqrt{x} + x - 2\sqrt{x} + 2\log(\sqrt{x}+1)$

(6) $\tan\dfrac{x}{2}$

(7) $\dfrac{2\sqrt{3}}{3}\text{Tan}^{-1}\left(\dfrac{\sqrt{3}}{3}\tan\dfrac{x}{2}\right)$

(8) $\dfrac{-4}{3\left(1+\tan\dfrac{x}{2}\right)^3}$

2. (1) $\displaystyle\int_0^{\pi/2} \sin^5 x\,dx = \dfrac{8}{15}$

(2) $\displaystyle\int_0^{\pi} \cos^6 x(1-\sin x)\,dx = \dfrac{5}{16}\pi - \dfrac{2}{7}$

3. (1) 積を和に直す公式を用いる．

$\displaystyle\int_{-\pi}^{\pi} \sin mx \cos nx\,dx = \dfrac{1}{2}\int_{-\pi}^{\pi}\{\sin(mx+nx) + \sin(mx-nx)\}\,dx = 0$

(2) 最初の積を示す．

問題の略解　　　　　　　　　　　　　　　　　　　　　　　　　　　143

$$\int_{-\pi}^{\pi} \sin mx \sin nx \, dx = -\frac{1}{2}\int_{-\pi}^{\pi}\{\cos(mx+nx)-\cos(mx-nx)\}dx$$
$$=\begin{cases} \pi & (m=n) \\ 0 & (m\neq n) \end{cases}$$

問題 4.3

1. (1) $2\sqrt{3}$　(2) 2　(3) 1　(4) $\dfrac{1}{2}$

   (5) 4　(6) $-\dfrac{1}{4}$　(7) $\dfrac{\pi}{2}+\log(2+\sqrt{3})$

2. (1) 収束する．問題になるのは 0 の近くである．x が 0 に近いとき，関数 $\dfrac{1}{\sqrt{x}}$ の積分と比較する．

   (2) 発散する．問題になるのは 0 の近くである．x が 0 に近いとき，関数 $\dfrac{1}{x}$ の積分と比較する．

   (3) 収束する．問題になるのは ∞ の近くである．x が十分大きいとき，関数 e^{-x} と比較する．

   (4) 収束する．問題になるのは 0 と 1 の近くである．x が十分 0 に近いとき $\dfrac{c}{\sqrt{x}}$ と比較する．また x が 1 に近いときに $\dfrac{c'}{\sqrt{1-x}}$ と比較する．

   (5) 収束する．問題になるのは $\pm\infty$ である．$|x|$ が十分大きいとき $\dfrac{1}{x^2}$ と比較する．

   (6) 発散する．問題になるのは ∞ である．x が十分大きいときに $\dfrac{1}{2x}$ と比較する．

問題 4.4

1. (1) $\dfrac{\sqrt{5}}{2}+\dfrac{1}{4}\log(2+\sqrt{5})$

   (2) $\sqrt{a^2+1}-\sqrt{2}+\log(\sqrt{a^2+1}-1)-\log(\sqrt{2}-1)-\log a$

   (3) $\dfrac{1}{2}(\log(2+\sqrt{2})^2-\log 2)=\log(\sqrt{2}+1)$

   (4) $\dfrac{a}{2}(e^{\frac{b}{a}}-e^{\frac{-b}{a}})$

2. (1) $\sqrt{5}-\sqrt{2}+\log(\sqrt{5}-1)-\log(\sqrt{2}-1)-\log 2$
   (2) 14

3. (1) 9　(2) $-\dfrac{1}{4}+\dfrac{\pi^2}{16}$

4. $x=f(\theta)\cos\theta,\ y=f(\theta)\sin\theta$ と書ける．θ をパラメーターとする曲線は
$$\frac{dx}{d\theta}=f'(\theta)\cos\theta-f(\theta)\sin\theta,\quad \frac{dy}{d\theta}=f'(\theta)\sin\theta+f(\theta)\cos\theta$$

である．よって
$$l(C) = \int_\alpha^\beta \sqrt{(f'(\theta)\cos\theta - f(\theta)\sin\theta)^2 + (f'(\theta)\sin\theta + f(\theta)\cos\theta)^2}\, dx$$
$$= \int_\alpha^\beta \sqrt{f(\theta)^2 + f'(\theta)^2}\, d\theta.$$

(1) $8a$

(2) $\dfrac{a}{2}(a\sqrt{a^2+1} + \log(a+\sqrt{a^2+1}))$

5. $\pm\left\{\left(x+\dfrac{1}{2}\right)\sqrt{x^2+x} - \dfrac{1}{4}\log\left(x+\dfrac{1}{2}+\sqrt{x^2+x}\right) - \dfrac{1}{4}\log 2\right\}$

問題 5.1

1. (1) $\dfrac{e^4}{4} + \dfrac{3}{4}$ (2) $-\dfrac{2}{\pi} + 1$

2. (1) 1 (2) $\dfrac{73}{6}$ (3) $\dfrac{2}{3}$

   (4) $\dfrac{8a^3}{3}$ (5) $\dfrac{1}{15}$ (6) $\dfrac{3}{8}$

   (7) $\dfrac{1}{24}$ (8) $\dfrac{9}{2}$

3. (1) $\displaystyle\int_0^2 dy \int_{-\sqrt{4-y^2}/2}^{\sqrt{4-y^2}/2} f(x,y)\, dx$

   (2) $\displaystyle\int_0^1 dy \int_{-\sqrt{y}}^{\sqrt{y}} f(x,y)\, dx + \int_1^4 dy \int_{-\sqrt{y}}^{2-y} f(x,y)\, dx$

   (3) $\displaystyle\int_0^4 dx \int_{(x^2)/4}^{x} f(x,y)\, dy$

   (4) $\displaystyle\int_{-2}^0 dx \int_0^{x+2} f(x,y)\, dy + \int_0^2 dx \int_{x^2}^{x+2} f(x,y)\, dy$

問題 5.2

1. (1) $2\pi \log 2$ $(m=1)$, $\dfrac{\pi a^{2-2m}(2^{2-2m}-1)}{1-m}$ $(m \neq 1)$

   (2) $\dfrac{2\pi}{3}$ (3) $\dfrac{\pi}{8}$

2. (1) $e^2 - 1$ $\dfrac{a^3 b\pi}{4}$ (3) $\dfrac{\pi}{8}$

3. (1) $\dfrac{\pi a^4}{16}$ (2) $\dfrac{4\pi a^5}{5}$

4. $x = r\cos\theta,\ y = r\sin\theta$ とおいて変数変換すると
$$S(D) = \iint_D dx dy = \int_\alpha^\beta d\theta \int_0^{f(\theta)} r\, dr.\ \text{これを計算すればよい．}$$

問題の略解

問題 5.3

1. (1) -2 (2) $3+e^4$
2. (1) $-\dfrac{\pi}{4}$ (2) 0
3. (1) $\dfrac{3}{8}\pi$ (2) $\dfrac{3}{2}\pi$
4. P と Q を結ぶ 2 つの曲線に囲まれた領域を考えればよい．
5. (1) $Q_x = 2x = P_y$
   (2) $Q_x = f(xy) + xyf'(xy) = P_x$

問題 5.4

1. (1) $\dfrac{4}{3}\pi abc$ (2) $\dfrac{4}{35}\pi a^3$ (3) $\dfrac{\pi}{2}$
   (4) $\dfrac{1}{2}$
2. 平面 $x = a$ での切り口の面積は $\pi f(a)^2$ である．
3. (1) $\dfrac{\pi^2}{2}$ (2) $2\pi^2 a^2 b$ (3) $\dfrac{\pi}{2}$
4. (1) $8a^2$ (2) $4\pi a^2$ (3) $\dfrac{\pi}{6}((1+4a)^{3/2}-1)$
5. (1) $4\pi(\sqrt{2}+\log(1+\sqrt{2}))$ (2) $\dfrac{1}{2}\pi a^2(e^2 - e^{-2} + 4)$

問題 5.5

1. (1) $\dfrac{3\pi}{512}$ (2) $\dfrac{1}{2^3 \cdot 3 \cdot 5} = \dfrac{1}{120}$
   (3) $\dfrac{2^3}{11 \cdot 9 \cdot 7} = \dfrac{8}{693}$ (4) $\dfrac{3\pi}{2^7} = \dfrac{3}{128}\pi$
2. (1) $\dfrac{\pi}{4}$ (2) $\dfrac{8\sqrt{2}}{3}$ (3) $\dfrac{\pi}{8}$
   (4) 3 (5) $\dfrac{2^9}{11 \cdot 9 \cdot 7} = \dfrac{512}{693}$
3. (1) $\dfrac{1}{5} \dfrac{\Gamma\left(\dfrac{1}{5}\right)\Gamma\left(\dfrac{1}{2}\right)}{\Gamma\left(\dfrac{7}{10}\right)}$
   (2) $\dfrac{1}{b} \dfrac{\Gamma\left(\dfrac{a}{b}\right)\Gamma(4)}{\Gamma\left(\dfrac{a}{b}+4\right)} = \dfrac{6b^3}{a(a+b)(a+2b)(a+3b)}$

(3) $\dfrac{1}{a^b}\varGamma(b)$

索引

ア 行

e（ネピアの定数）	6
陰関数	69
——の定理	69
——の微分と接線の方程式	69
n 回連続微分可能な関数	38
n 次の導関数	37
n 次元の体積	99
凹凸（曲線の）	38

カ 行

関数	
——の極限	8, 52, 53
——の増減	31
——の増減と極値	32
——の連続性	8
——の和, 差, 積, 商の連続性	54
——の極限	8, 16
——の積分	71
原始——	71
被積分——	71
逆三角——	12
カーディオイド	125
ガンマ関数	89, 126
逆関数	11
——の微分	24
境界の向き	117
曲面積	124
極限	
数列の——	3, 4
関数の——	8, 16
多変数関数の——	51
極座標	60, 61
——への変換	110
空間の——	112
曲線	
——の凹凸	38
——の長さ	93
——のパラメーター表示	35
有向——	116
極大値, 極小値	29
極値	29, 49
多変数関数の——	67
——の判定	67
——を求める	68
区間	2
開——, 閉——	2
開——における定積分	86
有界な——	2
グリーンの定理	118
コーシーの平均値の定理	33
広義	
——積分	87, 90
——積分の発散の判定	91
——の定積分	87
高次の導関数	37
高次の偏導関数	64
合成関数	10
——の連続性	10
——の微分	24
——の微分（多変数関数）	58, 59

147

サ 行

サイクロイド	95
最大値，最小値	6
三角関数	
──の有理式の積分	83
──の連続性	10
C^n, C^∞ 級の関数	38, 65
──多変数	65
指数関数	15
実数	1
重積分	97
──の変数変換	108, 109
──の計算	103, 104, 105
剰余項	46
数列	2
有理──	2
有界──	2
単調──	3
──の極限	3
──の発散	3
──の収束	3
積分	71
関数の──	71
不定──	71
定──	72, 75
被──関数	72
三角関数の有理式の──	83
無理式を含む関数の──	82
有理式の──	81
──定数	72
──同士の順序の交換	106
接線	21
──の方程式	69
──と微分係数	22
接平面	61, 62
漸化式	84
漸近展開	48
──を用いて極限を求める	49

タ 行

線積分	117
全微分可能性	57
集合の面積	99
対数関数	15
──の底の変換	17
体積	99
n 次元の──	99
有界な集合での──	99
多重積分	97
多変数の関数	51
──の極限	51
──の極値	67, 68
──の連続性	53
単純な領域	100
単調数列	3
──増加数列，──減少数列	3
──な関数	11
──増加，──減少	11
置換積分法	76, 77
長方形領域	97
領域における積分	98
テーラーの定理	45
有限──展開	46
(2 変数)	66
定積分	72
──可能	98
──と不定積分	73
導関数	19
高次の──	37

ナ 行

2 項係数	4
2 次の導関数	
──と極値	40
──と曲線の凹凸	39
2 次の偏導関数	64
2 変数のテーラーの定理	66

索　引

2変数の平均値の定理	66
ニュートン近似	41
——の応用	42
ネピアの定数（e）	6

ハ　行

パラメーター表示（曲線の）	35
——の微分	35
微分可能性と連続性	21
微分係数	19
微分	
逆関数の——	24
合成関数の——	24
——可能な関数の和, 差, 積, 商	23
——と微分の順序の交換	106
——と積分の順序の交換	106
不定形の極限	33, 34
不定積分	71
不等式の証明	31
部分積分法	76, 78
複数の不連続点を含む関数の積分	91
平均値の定理	30
コーシーの——	33
ベータ関数	89, 126
変曲点	38
変数変換（重積分の）	108
偏導関数	54
高次の——	64
偏微分係数	54
偏微分作用素	65
偏角	60

マ　行

マクローリンの定理	46, 66

有限——展開	46, 47
無限回微分可能な関数	38
無理関数を含む関数の積分	82
面積	99

ヤ　行

ヤコビアン, ヤコビの行列式	59
有界	2
——集合	2
——な集合での積分	99
——な関数	6
——な区間	2
——数列	2
有理式の積分	81
有限テーラー展開	46
有限マクローリン展開	46
有向曲線	116
優関数	89

ラ　行

ライプニッツの公式	42
ランダウの記号	47
領域の境界の向き	117
累次積分	100, 101
連鎖律	59
連続関数	53
連続曲線	35
連続性	
合成関数の——	10
多変数関数の——	54
連続微分可能な関数	38
ロピタルの定理	33
——の応用	34
ロルの定理	30

著者紹介

三 宅 敏 恒
　みやけ　とし　つね

1966年　大阪大学理学部卒業
　　　　Princeton 高等研究所研究員，
　　　　大阪大学助手，京都大学講師，
　　　　University of Washington 助教授，
　　　　北海道大学大学院理学研究院教授
　　　　などを経て
現　在　北海道大学名誉教授
　　　　Ph. D. (Johns Hopkins 大学)

主要著書

保型形式と整数論(紀伊國屋書店, 1976, 共著)
微分積分学演習(共立出版, 1988, 共著)
Modular Forms (Springer-Verlag, 1989)
入門 線形代数(培風館, 1991)
入門 微分積分(培風館, 1992)
入門 代数学(培風館, 1999)
Modular Forms
(Springer Monographs in Mathematics, 2006)
微分方程式－やさしい解き方(培風館, 2007)
線形代数学－初歩からジョルダン標準形へ
　　　　　　　　　　　　(培風館, 2008)
線形代数－例とポイント(培風館, 2010)
線形代数の演習(培風館, 2012)
微分積分の演習(培風館, 2017)

Ⓒ　三宅敏恒　2004

2004年 11月 10日　初版発行
2023年 3月 27日　初版第20刷発行

微 分 と 積 分

著　者　三宅　敏恒
発行者　山本　格

発行所　株式会社　培風館
東京都千代田区九段南 4-3-12・郵便番号 102-8260
電話 (03) 3262-5256 (代表)・振替 00140-7-44725

中央印刷・牧 製本
PRINTED IN JAPAN

ISBN978-4-563-00352-4 C3041